# 福建茶树
# 良种选育与应用

余文权　陈常颂　等 / 编著

中国农业科学技术出版社

**图书在版编目(CIP)数据**

福建茶树良种选育与应用/余文权等编著.—北京:中国农业科学技术出版社,2015.12(2023.2重

ISBN 978-7-5116-2378-2

Ⅰ.①福… Ⅱ.①余… Ⅲ.①茶树-选择育种 Ⅳ.①S571.103.5

中国版本图书馆CIP数据核字(2015)第278325号

**责任编辑** 李 雪 徐定娜
**责任校对** 贾海霞

**出 版 者** 中国农业科学技术出版社
北京市中关村南大街12号 邮编:100081
**电 话** (010)82109707 (010)82105169(编辑室)
(010)82109702(发行部) (010)82109709(读者服务部)
**传 真** (010)82106650
**网 址** http://www.castp.cn
**经 销 者** 各地新华书店
**印 刷 者** 北京建宏印刷有限公司
**开 本** 787 mm×1 092 mm 1/16
**印 张** 9
**彩 插** 18面
**字 数** 206千字
**版 次** 2015年12月第1版 2023年2月第5次印刷
**定 价** 46.00元

## 本研究资助项目

国家茶叶产业技术体系（CARS－23）
国家茶树改良中心福建分中心
福建省茶树种质共享平台
福建省公益科研院所专项（2015R1012－10）
福建省种业工程项目：茶树种质征集保存与优特种质鉴定评价
中国乌龙茶产业协同创新中心专项（闽教科〔2015〕75号）

## 《福建茶树良种选育与应用》
## 编 著 人 员


**主编著:**

余文权　福建省农业科学院副院长、教授级高级农艺师、硕导、博士

陈常颂　国家茶叶产业技术体系乌龙茶育种岗位专家

福建省茶树种质共享平台　主任

福建省农业科学院茶叶研究所副研究员、硕导

福建省农业科学院茶叶研究所育种室主任

**副主编著:**

王秀萍　福建省农业科学院茶叶研究所副研究员

王让剑　福建省农业科学院茶叶研究所助理研究员

钟秋生　福建省农业科学院茶叶研究所助理研究员

陈荣冰　福建省农业科学院茶叶研究所原所长、研究员、硕导

**参加编著人员:**

林清菊　福安市茶业管理局农艺师

林郑和　福建省农业科学院茶叶研究所副研究员

孔祥瑞　福建省农业科学院茶叶研究所助理研究员

单睿阳　福建省农业科学院茶叶研究所研究实习员

游小妹　福建省农业科学院茶叶研究所副研究员

陈志辉　福建省农业科学院茶叶研究所助理研究员

杨　军　福建省农业科学院茶叶研究所助理研究员

阮其春　福建省农业科学院茶叶研究所技师

杨燕清　福建省农业科学院茶叶研究所高级工

# 前　言

我国是茶树的原产地，是最早发现和利用茶树的国家，至今已有数千年历史。目前，全球有50多个国家和地区种茶，中国有21个省（区/市）产茶，2014年茶园面积达274万公顷，产量195万吨，均为世界第一。茶树已成为我国南方重要经济作物，茶业也成为茶区农民脱贫致富的支柱产业。2013年福建省茶园23.23万亩（约占全国1/11，居第五位），产量31万吨（约占全国1/6，居第一位），亩产值高于全国平均水平的52.1%；无性系良种推广率全国平均46.3%，福建省达96%以上，居全国第一位。2014年，福建省茶园面积23.67万公顷，茶叶产量35.5万吨，毛茶产值195亿元。福建素有“茶树良种王国”之称，而目前，福建省有国家审（鉴、认）定品种26个，省级审定品种19个，还有大量茶树种质资源有待挖掘利用。福建省审（鉴、认）定的45个品种有近一半是茶农在长期实践中通过单株选育的，可见民间也是茶树良种的主要来源之一。近年来省内外经常有发现野生茶、优特茶树种质的报道，咨询种质资源鉴定评价与新品种选育的热情很高。

良种是茶叶生产和茶产业持续发展的物质基础，直接关系到茶叶产量的高低、品质的优劣和茶业的效益。为让广大从事茶叶生产和科研的工作者对茶树种质资源调查鉴定、新品种选育技术及福建茶树品种特征特性等有一个较为全面、系统的了解，为广泛性的茶树种质鉴定利用、新品种选择及良种良法配套等提供依据，特编著本书。全书共分为6章，内容包括国内外茶树育种概述、茶树品种作用及育种技术、福建茶叶生产用种简介、茶树主要经济性状调查与区试规范、福建茶树品种选择搭配技术及附录（茶树品种权保护申报范例、茶树良种苗木繁育基地建设标准、茶叶生产示范图示）。

《福建茶树良种选育与应用》是一部学术性和实用性较强的茶树品种专著和工具书，具有专业性、通俗性以及实用性。希望本书能为茶树育种和茶业技术人员以及茶叶生产者等提供参考。囿于作者水平和研究程度的限制，书中难免存在不妥之处，恳请读者批评指正。

编著者

2015 年 7 月

# 目　录

# 第一章　国内外茶树育种概述

品种（Cultivar，简作 cv.，是 Cultivated variety 的缩简复合词）是经人类培育选择创造的、经济性状及农业生物学特性符合生产和消费要求，具有一定经济价值的重要生产资料。茶树品种是茶业可持续发展的物质基础。茶树育种研究历来是世界各产茶国首先重视的研究领域。充分了解国内外茶树育种的现状、存在问题、发展趋势等，对发展新形势下的茶产业具有重要的意义。

## 第一节　国内外茶树种质资源与育种概况

中国是茶树的发源地，种茶历史悠久，是传统的茶叶生产大国。茶叶是我国南方丘陵山区种植的主要经济作物，也是山区财政和农民收入的主要来源之一，茶产业是我国主产茶叶县（市）人民脱贫致富奔小康的支柱产业。

我国茶区分布辽阔，地跨暖温带、亚热带、边缘热带。目前，我国茶树栽培的范围，西自东经 94°的西藏自治区米林，东至东经 122°的台湾省东岸，南起北纬 18°的海南省榆林，北到北纬 37°的山东荣城。经过人工培育以及复杂的自然条件影响，形成了丰富多彩的茶树种质资源。

中国茶树种质资源极其丰富。茶树种质资源的调查始于 20 世纪 30 年代，但大规模、有计划的资源收集始于 20 世纪 80 年代，主要包括云南、神农架及三峡地区和海南岛、大巴山及川西南、桂西北和黔西南、渝东南、黔东北等系统考察和其他产地的收集。目前，在国家种质杭州茶树圃和云南分圃共保存了中国 19 个省（区、市）及日本、肯尼亚等 8 个国家的野生茶树、地方品种、育成品种、引进品种、育种材料、珍稀资源和近缘植物等共计 3 300 多份，涵盖了包括山茶属茶组植物的全部 5 个种和 2 个变种以及一些近缘植物。20 多年来，通过对 800 余份资源的农艺性状、加工品质、化学成分、抗性、细胞学、酶学、孢粉学等系统鉴定，筛选出85份优质资源和一批特异资源正在供生产、育种和深加工利用。此外，在各主要产茶省也建有规模不一的资源圃或品种园，用以保存地方品种为主的茶树种质资源。

“七五”至“十五”期间，茶叶科技工作者对保存在国家种质杭州茶树圃、勐海茶树分圃，以及广西壮族自治区（以下称广西）、四川和福建等省区资源圃中的1 000份资源的农艺性状、品质、生化成分、抗性、细胞学和酶学等进行了系统鉴定和综合评价，并制定了《茶树种质资源描述规范和数据标准》和农业行业标准《农作物种质资源鉴定技术规程　茶树》，进一步规范茶树资源鉴定评价的内容、方法和质量控制措施。与此同时，RAPD、AFLP、ISSR、SSR等分子标记在茶树种质资源遗传多样性分析、亲缘关系评价等育种相关研究领域的应用也越来越广泛。经多学科系统鉴定评价的种质资源，既直接为系统选种（单株育种）提供了优异材料，也为杂交育种亲本选配以及诱变育种提供了大量可利用的材料。

截至2015年年末，我国育成国家级茶树品种134个（其中有性系品种17个），省级品种约有200个。其中浙江省有38个茶树品种，其中国家级品种20个，省级品种18个。广东省有29个茶树品种和名枞，其中国家级品种10个，省级品种10个，名枞9个。湖南省有23个茶树品种，其中国家级品种6个，省级品种17个。云南省有22个茶树品种，其中国家级品种5个，省级品种11个，市级品种6个。安徽省有17个茶树品种，其中国家级品种10个，省级品种7个。重庆市有15个茶树品种，其中国家级品种11个，省级品种4个。四川省有11个茶树品种和名枞，其中国家级品种1个，省级品种10个。江苏省有10个茶树品种，其中国家级品种3个，省级品种6个，地方品种1个。广西壮族自治区有9个茶树品种，其中国家级品种6个，省级品种3个。湖北省有12个茶树品种，其中国家级品种3个，省级品种9个。江西省有6个茶树品种，其中国家级品种5个，省级品种1个。贵州省有5个茶树品种，均为国家级品种。山东省仅有2个省级品种。台湾省育成22个茶树品种。目前，福建省有国家审（鉴、认）定品种26个（其中福建省农业科学院茶叶研究所育成13个，占50%），是国家级良种最多的省份，占全国国家审（认）定品种的21.1%；省级审定品种19个。

世界各主要产茶国家也都很重视茶树种质资源的收集和种质创新。日本通过大量收集国外资源，已保存6 800份，并开展了农艺、生理、生化、品质、抗性等系统鉴定，相继选育出54个无性系良种，其中红茶品种10个，绿茶品种44个。印度收集保存茶树种质2 532份，育成了茶树品种60个以上，其中托克莱茶叶试验站利用这些资源选育出了29个TV系列品种，大吉岭品种改良试验站选育出了32个TS系列品种。此外，越南、肯尼亚、斯里兰卡、印度尼西亚等国也利用收集保存的资源选育出了一批新品种或品系，如斯里兰卡茶叶研究所（TRISL）育成品种 70 个以上。越南用当地的富户种和中国的福鼎大白茶人工杂交，育成了当前主要推广品种 LDP1 和 LDP2。

育种技术方面，当前单株选种（系统选种）与杂交育种仍是茶树育种的主要途径，各产茶国很多茶树良种是通过单株选种与杂交育种选育出来的。印度托克莱茶叶试验站从中国、阿萨姆和印支 3 个主要变种中选出 300 多个品系进行了大量杂交，并选育出比较突出的一批无性系品种 TV18 ～24，从双无性系杂交后代中选育出 9 个有性品种在生产上推广。斯里兰卡采用双无性系实生后代，在不同系谱的无性系杂交后代中，观察到在产量方面的杂种优势，并获得 TRI2023、TRI2024、TRI2025、TRI2026 一批优良无性系。日本的育种主要手段是有性杂交，特别是红茶育种，采用阿萨姆种与中国种的人工交配，加速了育种进程，选育成红薰、红光、红富贵等。

新技术育种包括辐射育种、基因工程育种、分子标记辅助育种等，近年来在茶树育种中进行了不少有益的尝试，但离实际应用还有一段距离。

茶树辐射育种起步较晚。20 世纪 60—70 年代，苏联和日本应用 β 射线处理已获得若干突变型。安间舜的研究结果表明，β－射线可以引起茶树细胞染色体结构损伤和基因重组，从而导致茶树突变体的产生。曹达仁、董丽娟等研究发现不同茶树品种对 β 射线的敏感性差异极为显著。杨跃华等对茶树人工诱变技术进行了系统研究，进一步探明不同茶树品种的敏感性和辐射损伤的生理机制，为开展茶树诱变育种提供了有益的资料。陈文怀等用秋水仙素处理茶籽获得多倍体突变体。江昌俊用 $N^+$ 离子注入茶树种子，选育出多个优良品系，为茶树诱变开拓了新的诱变源。杨跃华和林树棋对茶树辐照 γ 射线与化学诱变剂理化复合诱变效应进行了研究，理化复合处理对茶树的诱变具有增效作用，提出了中国茶树主要品种类型适宜的辐照及理化复合诱变技术及指标，建立了茶树辐照剂量和剂量率效应模型，明确了茶籽含水量及体内主要内源物质对辐照损伤效应的影响。他们从龙井 43 插穗辐照后代中选育出早生、优质、抗病、适制名优绿茶的新品系中茶 108。湖南省农业科学院茶叶研究所从 $Co^{60}$ 辐照的福鼎大白茶种子苗中选育出新品种福丰，1997 年通过湖南省农作物品种审定委员会的审定。在 2002 年审定的国家品种中，皖农 111 是云南大叶茶种子经 $Co^{60}$ 辐照诱变育种的，标志着诱变育种已经成为茶树育种手段之一。

基因工程在茶树上的运用，近年来得到较快发展。茶树的转化多采用农杆菌体系，研究多集中在对此体系的优化上。Konvar B. K. 初步研究表明，茶树离体培养茎尖可被发根农杆菌感染并诱导生根；Matsumoto S. 等以农杆菌介导在一个抗性愈伤组织上检测到 Gus 活性；骆颖颖等报道用农杆菌介导法将 Bt 基因、intron-GUS 基因和 NPT 基因一并转入茶树中，分别以茶树叶片、愈伤组织为转化的受体材料，获得了 GUS 瞬间表达。

Mvichiyo 等虽然成功地把蛋白溶解酶导入茶树外植体，并且通过 PCR 及 RT-PCR 验证了转化的愈伤组织中该基因的存在，但仍没有转化植株的报道。奚彪将基因枪作为介导转化的工具引入到茶树遗传转化研究上，轰击茶树体胚并得到 GUS 表达。江昌俊等运用 RT-PCR 法克隆了茶树咖啡碱合成酶（TCS）dsRNA 的表达载体 pBI-dsTCS，并通过农杆菌叶盘转化法导入到茶树愈伤组织中，并已得抗性愈伤组织。

分子标记不受环境影响，其变异只源于等位基因 DNA 序列的差异。这种稳定性便于揭示品种间的遗传多样性而排除了环境变异造成的表型变异，因此，分子标记可为茶树提供准确、可靠的遗传标记，对于茶树的遗传多样性研究和优质品种资源的鉴定都有重要作用及意义。目前开发的多种分子标记如 RFLP、RAPD、CAPS、AFLP、SSR 和 ISSR、SNP 等，已经在茶树种质资源遗传多样性与亲缘关系分析、资源与品种的分子鉴别与遗传稳定性鉴定、遗传图谱的构建以及功能标记的开发等分子标记辅助育种方面得到了广泛的应用和研究，并取得了可喜的重要进展。我国也已初步构建了茶树 AFLP、SSR、SNP 分子连锁图。

近 10 多年来，茶树中一些重要次生代谢、品质和胁迫相关基因，如儿茶素代谢过程的重要基因苯丙氨酸解氨酶（PAL）、查耳酮合酶（CHS），咖啡碱代谢的关键基因咖啡因合成酶（CS）和 S-腺苷蛋氨酸合成酶（SAM）基因，香气形成密切相关的 β－樱草糖苷酶和 β－葡萄糖苷酶基因等被分离和克隆，并对其表达进行了比较系统的研究；茶树功能基因组研究的启动和取得的阶段性进展，使我们从大规模基因水平认识茶树生长、发育、代谢、品质和抗性的规律并进行调控成为可能，给茶树遗传改良和育种带来深远的影响。

早期鉴定是茶树育种工作者面临的一个很大的难题，品质、产量、抗性是茶树育种的主要指标。传统选种的效率是比较低的，能选出高产优质单株的成功率约为 40 000：1 或更低。一般认为采用传统的方法育成一个新品种至少需要 22～25 年。为了缩短育种年限，提高选育成效，业界一直以来都把茶树育种早期鉴定技术列为研究重点，并取得一批成果。

20 世纪 70 年代前后，主要研究某些形态性状与产量、品质、抗性的简单相关。茶树中的氨基酸尤其是茶氨酸对茶叶品质影响较大，咖啡碱、EGC 和 EGCG 可作为选育红（碎）茶品种的测定项目，叶片中嗜锇颗粒含量可作为乌龙茶育种的指标。杂交后代的香气成分含量大部分介于两亲本之间，超亲类型较少。同工酶通常是共显性遗传，真正的杂种一般应具有父母本的酶带，还可由于基因重组产生新的谱带，利用同工酶技术对下代进行早期鉴定，可以减少选择的工作量，但仅用一种酶难以得出科学的结论，应对 2 种以上同工酶谱进行综合分析，方可得出较为可靠的结论。

进入20世纪80年代，开始利用通径分析、多元回归、主成分分析等生物统计学方法，系统地分析形态、生理生化等多个变量与茶树产量、品质、抗性的关系。据测定，茶树苗期生物产量与单株叶面积、单株叶干重和净光合速率呈显著的正相关，因而可以根据茶树苗期的净光合速率、单株叶干重、单株叶面积等性状可进行苗期产量的早期鉴定。应用灰色系统方法可对茶树苗期生长状况作出早期评判。研究表明，茶树抗旱性与干旱胁迫时叶片含水量的变幅有关，茶树中束缚水和自由水的比值是一个重要的抗寒性指标，但抗寒性强弱还与细胞液浓度、某些酶的活性、叶片解剖结构、光合强度和呼吸强度等有关。杂交后代的抗旱能力均弱于其亲本。可以用多种方法处理插穗，如激素、维生素、糖、氮素化合物、生根粉以及三十烷醇等。

至20世纪90年代后期，发展到用DNA分子标记进行早期鉴定。与茶树性状连锁的DNA分子标记，据介绍其可靠性在80%以上，它们在茶树育种早期鉴定中将起到十分重要的作用，使早期鉴定从形态、生理生化水平发展到分子水平。

# 第二节　福建茶树种质资源与育种概况

## 一、资源与育种现状

福建水热气候条件优越，茶树品种资源丰富，素有“茶树良种王国”之称。福建省农业科学院茶叶研究所从20世纪50年代起，就开始茶树种质资源的征集、保存、鉴定、利用等工作，建立了全国首座茶树品种资源圃（2005年命名为农业部福安茶树资源重点野外科学观测试验站；第一批农业部全国共有56个野外科学观测试验站，茶树全国仅2个）、福建最大的“福建省茶树品种资源圃”38亩（由茶树品种资源圃、福建省乌龙茶种质资源圃和福建省茶树原生种质资源圃组成），保存了国内外1 000多份茶树品种资源和4 000多份育种材料，为我国乌龙茶种质资源保存中心。福建省武夷山素有“茶树品种王国”之称誉，武夷山市茶叶科学研究所调查收集武夷山各峰各岩的名枞、单枞，于20世纪80年代前期在御茶园遗址建立了武夷名枞资源圃，现保存123份名枞、单枞。安溪被誉为“茶树良种宝库”，安溪县茶叶科学研究所于20世纪80年代前、中期调查收集全县乌龙茶品种资源，建立了茶树品种园，保存46个品种类型。茶叶科技创新和可持续发展离不开丰富多样的种质资源，福建是茶树种质资源的王国，目前被收集保存的只是其中的一部分，还有大量的种质资源等待去发现、鉴定、收集、保存。如武夷山有36峰99岩，九曲溪水环流，茶树在一山一水一岩处繁衍，历史上武夷山曾有名枞、单枞千余个，而目前只收集保存了其中很少一部分。通过建圃集中保存茶树种质资源，可有效避免一些地方珍稀资源的流失。

茶树种质资源鉴定评价是利用的前提，福建茶树种质资源系统鉴定始于20世纪70年代，至80年代福建省农科院茶叶所已对400多个茶树种质形态特征和生物学特性进行了观察，“八五”“九五”期间，又对80余份安溪、武夷资源进行了系统鉴定，并从中筛选出23份高香优质资源。

通过福建省科技人员的努力，至今福建省通过国家审（认）定的国家茶树品种有26个（福鼎大白茶、福鼎大毫茶、福安大白茶、梅占、政和大白茶、毛蟹、铁观音、黄旦、福建水仙、本山、大叶乌龙、福云6号、福云7号、福云10号、八仙茶、黄观音、悦茗香、茗科1号、黄奇、霞浦春波绿、丹桂、春兰、瑞香、金牡丹、黄玫瑰、紫牡丹）；通过福建省审（认）定的茶树品种有19个（早逢春、肉桂、佛手、福云595、朝阳、白芽奇兰、九龙大白茶、凤圆春、杏仁茶、霞浦元宵茶、九龙袍、早春毫、福云20号、紫玫瑰、歌乐茶、金萱（台湾引进）、大红袍、榕春早、春闺）。境内外品种主要有翠玉、四季春、龙井43、龙井长叶、乌牛早、迎霜、安吉白茶、浙农117、中茶108、黄金芽、保靖黄金茶等在福建茶区也得以推广应用。福建省还有白鸡冠、铁罗汉、水金龟、雀舌、金凤凰等名枞；矮脚乌龙、科旦、黑旦等地方品种；正山小种、坦洋菜茶、天山菜茶、斜背茶等群体种；永安天宝岩野生茶、宁化延祥半野生茶、漳平野生苦茶（仙茶）、武平高埔野生茶、蕉城野生大茶树、屏南野生苦茶树、云宵将军茶等野生茶资源也在开发利用。新品种的育成与优特茶树种质的应用，丰富了生产用种，加快了无性系良种化的进程，提高了生产效益。

自20世纪30年代始，福建率先开始应用短穗扦插无性系繁殖技术，现无性系茶园面积已占总面积的95%，远高于全国46.3%的平均水平。目前，福建省栽培面积在万亩以上的茶树品种有17个以上，栽培面积最大的品种仍为福云6号（个别茶区福云6号的种植比重占85%）。优良种质资源是实现茶叶生产“高产、优质、高效”目标的关键前提之一，以福云6号为代表的福云系列品种，在全国推广近百万亩，每年为社会增创经济效益5亿元以上，1999年被选为福建省四项重大农业科技成果之一，参与建国50周年福建省科技成就展，并获得优秀项目奖。

福云6号、福鼎大白茶、福鼎大毫茶、福安大白茶、福云7号及梅占、黄旦、毛蟹等为福建省绿茶主栽品种。福建省绿茶主产区集中于闽东、闽中、闽西等茶区，闽东以种植福云6号、福安大白茶、福鼎大白茶、福鼎大毫茶、福云7号等为主。闽中三明、福州等绿茶区以福云6号、福鼎大白茶、梅占、福安大白茶、黄旦等为主。闽北松溪等绿茶区以福云 6 号、福安大白茶、九龙大白茶为主。闽西武平等地以福云 6 号、福鼎大白茶、梅占、黄旦等为主。

福建乌龙茶主要分布在泉州的安溪、永春、德化，南平的武夷山、建瓯、建阳，漳州南靖等，三明大田及龙岩漳平、上杭等前些年也在大力发展乌龙茶。闽南乌龙茶主要生产用种有铁观音、金观音、黄旦、本山、白芽奇兰等，闽北乌龙茶主要生产用种有福建水仙、肉桂、黄观音、瑞香、金观音、黄玫瑰、白芽奇兰、九龙袍、大红袍、八仙茶、矮脚乌龙等，台式乌龙茶常见生产用种为台茶 12 号（金萱）、软枝乌龙、台茶 13 号（翠玉）、四季春。

2004 年福建省立项科技重大专项《闽台特色果茶良种选育合作研究及产业化》项目，2007 年起实施国家科技支撑计划项目“台湾乌龙茶新品种、新技术与关键装备合作创新研究”，拟通过台湾茶树品种资源等的引进、消化、吸收与创新研究及应用，全面提升海峡西岸茶业发展的科技水平。2008 年启动了“福建省茶树优异种质资源保护与利用工程”，首批列入保护的有福鼎大白茶、天山菜茶等 18 个茶树种质及 2 个资源圃；2009 年福鼎大毫茶、福安大白茶、政和大白茶、霞浦元宵茶、南安石亭绿、邵武碎铜茶、九龙大白茶、尤溪汤川苦竹茶、永安天宝岩野生茶、宁化延祥半野生茶、漳平野生苦茶（仙茶）、武平高埔野生茶、蕉城野生大茶树、屏南野生苦茶树、平和野生清明茶等也列入保护目录。2008 年又实施“福建省茶树种质资源共享平台”，拟广泛征集、保存国内外茶树品种资源，开展鉴定、评价以及创新利用，并通过对其特性及内在遗传规律的研究，选育高优茶树新品种；建立具备保存 2 500 份资源的茶树种质资源库和具有同时保存 3 000～5 000 支试管的茶树种质资源试管保存库。《福建省促进茶产业发展条例》于 2012 年 6 月 1 日正式实施，这是全国第一部茶产业地方性法规，从加强种质资源保护与开发、加大政策扶持力度等 7 个方面对福建省茶产业工作提出了具体工作要求，必将对福建省茶叶产业发展具有重要推动作用。

通过闽台合作，引进了金萱、翠玉、四季春、台茶 18 号、台茶 19 号、台茶 20 号、台茶 21 号等台茶优良品种，这对调整优化闽台茶产业结构起到了一定的推动作用。闽台茶树良种选育，均有较大成就，经两岸茶人的培育，漳平永福国家级台湾农民创业园已成为我国最大的台式乌龙茶生产基地（主要品种为金萱、软枝乌龙、翠玉、四季春等）就是最好的例证。

## 二、种质资源与育种研究进展

福建茶树种质资源丰富，闽南、闽北集中分布了大量的适制乌龙茶种质资源。福建省农科院茶叶所对400多个茶树品种（系）的植株、芽叶、花果和种子等形态性状及物候期进行了观察，后又对50份福建茶树种质资源的78个农艺性状进行了系统鉴定，结果表明来自武夷山、安溪的茶树种质资源同属于一个类群，但两地资源群体间在发芽期、开花期、种子成熟期、花器、果实、种子等性状存在明显差异。

叶乃兴对中国茶树育种的骨干亲本及其系谱分析表明，福鼎大白茶和云南大叶茶是我国茶树育种的骨干亲本。加强茶树种质创新和优异遗传基因的利用，是实现育种新目标的主要途径。郭吉春等研究表明，通过品种间杂交能够实现品质性状的定向培育，同时可以获得杂种优势强的杂交一代。选配乌龙茶品种与红、绿茶品种杂交，将可以提高红、绿茶品种的香气品质。叶乃兴等研究表明，茶树嫩梢的茸毛具有高氨基酸含量和低酚氨比特性，对白茶风味品质的形成具有重要作用。郭春芳等开展了茶树品种光合与水分利用特性比较及聚类分析。王庆森等开展了黑刺粉虱对不同茶树品种的选择性，并从叶片组织结构、主要生化成分与黑刺粉虱产卵量和世代存活率等方面揭示其抗性机制。陈常颂等对福建省40个国家、省级茶树品种进行连续2年的春梢生育期调查、生化成分检测及遗传多样性分析，结果表明26个乌龙茶品种中，31%为早生种，46%为中生或中晚生种，23%为晚生种；14个绿茶品种中，29%为特早生种，7%为晚生种，其余64%为早生或中生种；各品种间存在显著的芽期差异。参试品种的水浸出物含量40%～52%，茶多酚9.8%～20.8%，游离氨基酸3.0%～6.8%，咖啡碱2.9%～5.0%，各成分含量在品种间具有较大差异。

新育成茶树品种基本是无性系，可见选育与推广无性系良种已成为发展茶叶生产的共同趋势；育种目标由高产向优质转变，同时愈来愈重视多抗型、特殊性状茶树品种的选育和种植；育种方法由主要采用系统选种转为以杂交育种为主，并开始应用育种新技术。生物工程技术发展十分迅速，为茶树遗传育种研究开辟了一条崭新的途径。

## 三、资源与育种的主要特点

据估算，在我国2007年良种对茶叶总产量的贡献为6.75%，良种对茶叶总产值的贡献为16.01%，而物料投入的贡献为79%，科学技术对茶叶生产增长的贡献率为21%。福建省茶树资源与育种，机遇与挑战并存。

### 1. 新、优良种多，推介力度欠强

福建茶树品种丰富，有特色的品种也很多。因缺乏推介平台，信息不对称，群众对新品种缺乏了解；受生产局限等影响，有些茶区应用新品种良种良法不配套，效益不明

显，对新品种接受程度较低。部分茶区的品种与茶类结构不尽合理，优质高效、突破性良种奇缺，尤其绿茶（绿茶品种中全部经济性状超过福鼎大白茶的几乎没有），品种过于单一，严重影响茶叶整体效益。

2. 种植热情高涨，品种规划不足

当前全省各地发展茶业热情高，但有些地方缺乏规划，未能很好根据地方优势来引种、茶类开发，差异化、特色化新产品的开发欠缺。不同芽期品种没有合理搭配，大范围品种单一，致使茶类花色单一，无法适应国内外市场的多元化需求，经济效益难以体现。

3. 优特茶树资源有待挖掘利用

良种是产品特色化、差异化的基础、源泉，是产品生命的基石。福建省丰富的茶树资源中，尚有许多有待挖掘利用的优良特性种质，尤其是野生茶资源，其基本情况有待摸清，这将有利于资源高效研究与利用，将资源优势转为商品优势。同时也必须加强境内外优特种质资源的引进、鉴定与利用。

4. 育种手段单一，基础理论薄弱

茶树遗传变异规律等研究欠缺，目标性状定位存在一定盲目性，早期鉴定技术等进展缓慢，导致育种周期长。基因工程、组织和器官培养取得一定的进展，但在茶树育种中应用尚需时日。分子标记已成为遗传改良研究中强有力的工具，目前已应用于茶树亲缘关系和遗传多样性分析、遗传演化、分类学、分子遗传图谱构建及分子标记辅助育种等方面。

## 四、研究热点与趋势

国内外资源与育种的发展趋势是在广泛收集、系统整理和妥善保存茶树种质资源的基础上，丰富遗传多样性，并深化鉴定评价和创新利用。育种仍以杂交育种为主，结合现代生物技术开展遗传和育种研究。优质（香气高雅，滋味鲜爽，氨基酸含量高、夏秋茶苦涩味低）、早生、持嫩性强、高抗（抗病虫、抗倒春寒）、适于机采、特异生物活性物质或具有特异性状等为茶树育种主要目标。

1. 建立种质共享平台，加大新优品种宣传

完善优特资源共享平台建设，促进资源整合、保护，实现种质信息资源、实物共

享，以高效利用资源，尤其是要及时、有效加强新优品种适制性、品质特点、抗性及配套技术等方面的宣传。

### 2. 坚持不懈做好优质高效良种选育

及时、准确开展茶树良种推广现状和需求调研，根据生产用种需求，合理确定育种目标，正确选择亲本及育种方法，创造出更多更有经济、利用价值的新品种（系）或种质。为加快育种进程，可采用“三园”同步建立（株行试验圃、品比试验圃、采穗母本园），区域试验与示范推广相结合的方法。

### 3. 开展特色化、专一化育种探索

品种作为产业发展的基础，需要拓展和提升，茶树育种将以品质为中心，兼顾选育抗病虫、抗旱能力强、高养分利用率、特异（如夏、秋茶低苦涩味、高香、低氟，高氨基酸、高儿茶素类、低咖啡因等高或低功能性成分等品种）、适合机械化作业、优质高产的品种。茶树育种更需要在特色化、专一化（如适宜机采、茶饮料专用等）、多用途等方面探索，如富含保健功能成分、宜机采与机制、多茶类兼制等新品种，便于标准化、产业化开发或深加工的专用品种等。在育种途径上，杂交育种与无性繁殖相结合仍将是沿用的主要途径，但分子育种技术的作用将逐步显现。同时将进一步改革育种程序，使茶树新品种选育能适应生产发展和市场的需求。

目前我国由于无性系的优质红茶、绿茶新品种，以及功能性有效成分含量较高的品种相对较少，乌龙茶生产用种由于使用历史长，种质退化严重、可选种质数量不多，这已成为制约我国茶业经济发展和增加茶农收入的主要因素之一。近年来福建省茶叶并不景气，尤其是大宗茶叶缺乏市场竞争力。其主要原因之一是品种结构过于单一，结构不尽合理，优质（高香、味醇爽）高效良种紧缺，尤其绿茶。另一主要原因是农残问题成为制约茶叶发展的“瓶颈”。因此，急需筛选出优质高效且抗病虫性较强的新品种，以满足福建省急需更新优化茶园苗木的需求。

### 4. 进一步调查、挖掘利用优、特种质

广泛征集、保存省内外优、特种质，增加资源库容量，为资源高效研究利用提供种质支撑。多学科交叉，不断引用新的技术和方法，加快现有种质资源的研究，加强野生茶、省外优异资源引种鉴定、创新利用，拓宽育种材料，以提高研究的水平和加快进展。

5. 构建并应用资源创新与育种研究平台

茶树资源与育种研究将进一步深入，从生理生化、分子水平上研究茶树遗传变异规律及与品质、产量等性状的相关指标；核心种质鉴定与建立；高效、定向的遗传诱变技术，包括理化诱变技术和基因工程技术；深入开展茶树主要经济性状早期鉴定技术研究，包括重要性状分子标记、早期鉴定的生理生化指标、先进仪器鉴定技术的应用等；建立高频率、稳定的茶树再生系统，为转化外源基因提供技术平台；进行体细胞杂交和转基因研究，研究茶树细胞培养中次生代谢物的形成。以减少育种盲目性，缩短周期，提高效率。

# 第二章　茶树品种作用及育种技术

良种是农业增产增收的前提之一，同时良种有其时效性与区域性，茶树新品种选育应与时俱进，以适应生产、消费的多样化需求。育种技术是种质创制与选育的关键，亲本选配、早期鉴定技术等的优化应用，可事半功倍。

## 第一节　茶树品种资源的概念与作用

### 一、茶树品种的概念与形成

品种是具有一定的经济价值，遗传性状和特性比较一致且相对稳定，并已有在生产应用的栽培植物群体。茶树品种是经人类培育选择创造的、经济性状及农业生物学特性符合生产和消费要求，具有一定经济价值的重要农业生产资料；在一定的栽培条件下，依据形态学、细胞学、分子生物学等特异性可以和其他群体相区别；个体间的主要性状相对相似；以适当的繁殖方式（有性或无性）能保持其重要特性的一个栽培茶树群体。野生茶树中没有品种，只有当人类将野生茶树引入栽培，通过长期的栽培驯化和选择等一系列的劳动，才能创造出生产上栽培的品种。茶树品种按其来源可分为地方品种、群体品种、引进品种、育成品种等；按繁殖方式可分为有性系品种和无性系品种；按适制茶类可分为绿茶、红茶、乌龙茶品种等；按发芽迟早可分为特早生种、早生种、中生种和晚生种；按审（鉴、认）定部门分为国家级品种和省级品种。

从品种的角度，每个茶树品种具有以下 5 个方面属性。

#### 1. 特异性

作为一个茶树品种，至少要有一个以上明显不同于其他品种的可辨认的标志性状。

品种之间基因型是不相同的，在选育或生产栽培过程中，如发生个别次要性状变异，而其他性状基本与原品种相同，这种只是个别性状与原品种不同的群体，习惯上称之为该品种的品系。如果主要性状发生变异，而且具有一定的经济价值，并能稳定遗传，那就形成了另外的新品种。

申请品种权保护的茶树品种应当明显区别于申请日以前已知的茶树品种，即茶树新品种的特异性是指该品种至少有一个明显地区别于申请日前已知的所有其他茶树品种的特性。

2. 一致性

一致性是指在采用适合该类品种的繁殖方式的情况下，除可以预见的变异外，经过繁殖，品种内个体间在形态、生物学和主要经济性状等方面相对整齐一致。所谓可预见的变异，主要是指茶树有的性状在外界环境的影响下，有一定程度的变异，如发芽期、叶色、叶片大小等。相对整齐一致是指不可能要求个体间绝对整齐一致，尤其是有性系茶树品种。另外，也有必要保持品种内某些性状的多样性，如群体内对环境胁迫的抗耐性差异有利于提高品种的总体适应能力。品种性状的一致性很重要，对现代化的茶叶商品生产尤其如此。茶叶产品的整齐一致性，不仅直接影响其商品价值，而且其发芽期、芽叶颜色、叶片大小、叶质等的一致性对茶园机械化管理和采摘，茶叶加工都有很大影响。

3. 稳定性

稳定性是指该品种经过反复繁殖，前后代在形态、生物学和主要经济性状等方面保持相对不变。茶树无性系品种虽然在遗传背景上是杂合的，但用扦插、压条、嫁接等方法无性繁殖时，能保持前后代性状稳定连续的遗传。

4. 区域性

区域性是指品种的生物学特性适应一定地区生态环境和农业技术的要求。每个品种都是在一定的生态和栽培条件下形成的。利用品种要因地制宜，如果将某一品种引种到不适宜的地区或采取不恰当的栽培和加工技术，就不会产生好的结果。良种必须与良法配套。

5. 时间性

时间性是指在一定时期内，该品种在产量、品质和适应性等主要经济性状上符合生产和消费市场的需要。随着每个地区的经济、自然和栽培条件的变化，原有的品种便不能适应。因此，每个品种都反映出当时的生产力水平和人类的需求，必须不断创造符合需要的新品种来更换过时的老品种。

茶树优良品种是同当地原有品种比较而言的。一般认为，茶树优良品种应该是在一定地区的气候、地理条件和栽培、采制制度下，能够达到高产稳产，制茶品质优良，有较强的适应能力，对病虫害和自然灾害抵抗能力较强。因此，只有在同一自然区域内，比较一致的栽培和采制条件下，通过与当地标准种和推广种的对比试验，才能确定品种的良莠。同时，还要根据各个茶树品种的特点，采取相应的栽培技术措施和制茶工艺优良品种的高产优质特点，才能得以发挥。茶树的良种良法，更有甚于一般农作物，它不仅要求有良好的栽培方法，而且还要求有良好的制茶工艺。这一点往往被有的生产者所忽视，必须加以强调。

茶树良种是在特定的生态和栽培采制条件下形成的。因此，必须根据本地的自然条件、栽培特点和茶类要求选定茶树良种。构成茶树优良品种的性状是多方面的，包括丰产性、适制性、适应性和抗逆性等。

选用茶树良种，应根据上述性状，综合评定。各项指标都好，最为理想，但实践中较难获得；如果某一方面突出，其他方面一般，而当地又很需要，也可以作为茶树良种加以利用。

## 二、茶树育种概念及茶树种质类型

### 1. 育种概念

（1）茶树育种：茶树品种选育的途径，根据育种目标、任务，茶树种质资源的特征特性和主要经济性状进行研究并确定利用途径。育种主要途径有系统选种、杂交育种、多倍体育种、辐射育种、诱变育种等。通过育种技术创制新种质，经无性繁殖，系统鉴定成为新品系，之后布置品种（系）比较试验区进行产量、品质、抗性与适应性等鉴定。在此基础上进行区试及审（鉴）定，确定其生产应用价值及适宜推广范围。

（2）有性系品种：是世代用种子繁衍的品种。植株生活力强，适应性广，繁殖简便，有性后代易发生性状分离而导致茶树形态特征和生理特性的多样性，对茶园管理、鲜叶采收、加工和品质不利。

（3）无性系品种：世代用无性繁殖方法繁衍的品种，通常采用扦插繁育。由同一植株的营养器官用扦插、压条或组织培养等方法繁殖，不发生由于两性细胞结合而导致的基因重组所造成的性状分离，个体间性状相对一致，便于田间耕作和机采加工。

## 2. 茶树种质分类

（1）野生茶树：是山茶科山茶属茶组植物野生种类的总称，其叶均可制成茶叶。是非人为栽培的茶树，不包括荒芜的栽培茶树。我国野生大茶树主要分布在西南和华南地区，有横断山脉分布区、滇桂黔分布区、滇川黔分布区、南岭山脉分布区等四大分布区域，有200多处。野生茶树由于其特有的生存环境，使其在进化上保持了原始特性，基因组成较为纯合，是研究茶树起源及进化的活化石，野生茶树作为重要的遗传资源受到重视是因为其自身含有许多符合人类需要的重要基因。第一，野生茶树是进化上较为原始的茶种，其典型野生性如树体高大直立、花大而质厚、果大而皮厚、叶片鞣质，含酚酸物质较多，儿茶素总量偏低，尤其是酯型儿茶素（L—EGCG）偏少，具有一些原始的生化物质，部分生化成分出现较为显著的变异。第二，野生茶树具有丰富的遗传多样性。第三，野生茶树有很强的环境适应能力，对不良自然环境表现出很强抗逆性。包括对病虫害的抵抗性及低温条件下的抗寒性。在脊薄土壤和干旱土壤上野生茶树都能生长。利用这些资源可以创制多抗性的茶种质或拓展新的利用途径。第四，野生茶树具有特殊性状基因，如野生大茶树具有许多目前开发利用上所急需的优异性状如高茶多酚、低咖啡碱、高茶氨酸、高抗性基因源等，这些具有特殊性状基因的野生茶树可成为选育特殊用商业品种的育种材料，也可以作为远缘杂交、基因累加等高科技育种材料，以开展突破性育种。

（2）地方品种：也称农家品种、传统品种、地方性品种。是在一定地域范围内生产上长期栽培应用的品种，它是在当地自然或栽培条件下，经长期自然或人为选择形成的品种。对当地具有较好的适应性。在福建武夷山茶区和广东潮汕等乌龙茶区将品质优异、风格独特或具有特殊香型的株系、品系分别称名枞和单枞。除部分无性系品种外，一般多为较混杂的群体，常包括若干个不同的类型，是系统育种的原始材料。

（3）育成品种：亦称选育品种、改良品种。是根据预定的育种目标，通过系统选种、杂交育种或诱变育种等方法选育，并通过国家或省级农作物品种审（鉴、认）定机构审（鉴、认）定的品种。它比地方品种具有较多的优良性状。中国绝大多数育成品种是采用系统选种或杂交选种，然后通过无性繁殖方法育成的无性系品种。

（4）品系：采用单株选择、人工杂交或诱变等育种法选育，遗传性状相对一致，具有一定经济价值，已通过品种比较试验，并且已有一定数量的繁殖能力，尚未进行区域试验或未投入生产栽培或未经审（鉴、认）定的作为育种材料的一群同类个体。品系前一阶段的为株系，它是育种过程中的前期材料，入选单株时经初步观察鉴定、无性繁殖，具有一定数量的同类个体，在品种比较试验之前统称株系。

（5）遗传材料：亦称遗传资源、种质资源、品种资源、原始材料、育种材料等。新品种选育时最初应用的亲本材料。茶树种质资源包括栽培型的品种、品系、单株、野生型茶树及茶近缘植物。经鉴定综合性状优良者，可直接在生产上利用；部分或个别性状优良者，则宜作杂交亲本，或作辐射育种、多倍体育种等原始材料。它是育种工作的物质基础，育种成效主要取决于拥有种质资源的数量和研究深度。

## 三、茶树良种的作用

良种是优良品种的简称。它是指在适宜的茶区，采用该优良品种及其配套的栽培、加工技术，能够生产出高产、优质的茶叶产品的品种。茶树良种作用主要体现在以下方面。

### 1. 增加茶叶产量

通过相关部门审（鉴、认）定的茶树品种，都具有一定的增产潜力。茶叶产量是由单位面积的芽梢数量、芽梢重量、芽叶生长速率和年营养生长期的长短，即多、重、快、长四个产量因子构成。在相同条件下，不同品种，这四个产量因子就有差异，因而产量表现高低。高产品种增产效果一般在15%～30%。高产品种在推广范围内，对不同年份、不同地块的土壤和气候等因素的变化造成的不良胁迫具有较强的适应能力。

### 2. 提高茶叶品质

提高和改进茶叶品质的重要性往往超过产量。茶叶的品质是由色、香、味、形四个因子构成的，各种茶类对品质都有一定的要求。改进栽培和采制技术，固能在一定程度上提高茶叶品质，然而茶叶色、香、味、形的形成是由芽叶的生化成分所决定的。品种不同，造成芽叶的多酚类、氨基酸、香气成分等生化成分不同，所付制加工的茶叶色泽、香气、滋味与外形也就不同。例如，安吉白茶氨基酸含量高，云南大叶种儿茶素含量高，紫娟花青素含量高，其芽叶的性状、大小、色泽、茸毛等有很大的差异。我国的名茶如铁观音、大红袍、龙井、祁红、普洱等无不与品种有关。

### 3. 增强适应性和抗逆性

任何茶树良种都有一定的适应推广应用范围，这就是说良种在其适应的范围内是良种，超出了适应的范围就不是良种了。茶树长期以来形成了喜温暖湿润的气候条件特性，但优良品种具有较高的自我调节能力，在推广范围对不同茶区的土壤和气候等因素的变化造成的环境胁迫具有较强的适应能力。茶树的抗逆性是茶树良种的一个基本特征，如果没有较强的抗逆性表现，这样的品种所推广的地区是有限度的。如抗寒性较弱的品种，只能在低纬度的茶区应用。

不同茶树品种由于内含生化特性等的不同，其对于同种害虫、病菌的受害程度也有所不同。例如，根据调查迎霜、福鼎大白茶、鸠坑种、紫阳及槠叶种芽枯病丛发病率分别为60.5%、43.3%、25.0%、17.7%及10.0%。所以，培育抗病虫茶树良种，不仅可降低病虫害对茶叶产量和品质的为害，还可大大减少农药对茶叶和环境的污染，降低病虫害防治的成本。

## 第二节　茶树品种选育的目标

茶树是商品性很强的饮料作物，因此优良茶树品种选育必须具备相应茶类的适制性与品质优良这两个基本属性。目前茶树品种选育的主要目标有以下方面。

1. 优质

对茶叶感官品质的色、香、味、形四要素进行综合鉴定。不同茶类对品质有不同要求。绿茶品质一般要求：外形细紧绿润，香气幽、栗香或清香持久，滋味鲜浓回甘；工夫红茶品质要求：外形乌润显毫，香气浓郁鲜甜，滋味浓酽爽口；乌龙茶品质要求：香气馥郁如兰，滋味鲜滑隽永。夏暑茶苦涩味轻。

2. 早生

在品质或综合性状较好的情况下，发芽或开采期比当地主栽茶树品种提早10～15 d。这样不仅可有效缓解生产高峰带来的劳动力、机具设备紧张状况，提高厂房设备使用率，稳定就业人员及提高生产效率。早生品种春茶开采时往往病虫害还未发生，不仅可减少病虫害防治成本，也有利于提高质量安全水平。

3. 高产

在一般管理措施下，投产后产量明显超过当地主栽茶树品种或对照品种（绿茶为福鼎大白茶，乌龙茶为黄旦），且品质达到或超过主栽品种或对照种。绿茶要春茶产量高；乌龙茶尤其要春、秋茶产量高，秋季抗旱能力强；开花结实少。这样在同等投入条件下，增加了产能，达到增收目标。

4. 高抗安全

在综合性状比较优良情况下，能够抵御低温、热旱害，或对当地某种危险性病虫具有高抗或近似免疫之性能。如南方大叶品种在 -5℃时仅轻微受冻，中小叶品种能耐 -18℃低温；对为害较普遍的假眼小绿叶蝉、螨类、茶饼病、根结线虫病罹受率低的都可视为高抗品种。耐贫瘠、低碳环保新品种选育，也是顺应时代发展需求努力的方向。低吸附 Pb、F 等重金属与风险元素品种，可从源头上提高茶叶食品安全水平。

5. 多用途

高氨基酸、儿茶素、EGCG、茶黄素、富硒等保健成分及低咖啡碱。陕西紫阳、湖北恩施、贵州凤岗等地开发出的富硒茶，已作为保健饮料（富硒茶具有降脂减肥、防止心脑血管疾病、防癌、抗毒灭菌、长寿等功效。国标《富硒茶》硒量为 0.25～4.0 mg/kg）。绿原酸是茶叶中含量较多的次生代谢物质，有防癌作用（如大叶茶含量高达 0.9% 以上，中小叶茶一般不低于 0.5%）。γ-氨基丁酸茶具有明显的降血压作用，要求茶叶中 γ-氨基丁酸（GABA）含量必须达到 1.5 mg/g 以上。云南紫娟茶富含花青素，具有较好的降压疗效。国外还十分注意低咖啡碱茶树品种的选育，在保证品质因子的综合要求下，如咖啡碱含量低于 2.0%，便有突出的应用价值。

6. 发芽整齐，适应机采

随着采摘机械化程度的提高，生产者对品种发芽的一致性、整齐度、持嫩性也必然有一定的要求。骆耀平等人对适宜机采的名优茶的节间长度、展叶角度的研究表明：叶片展叶角度越小，节间越长，机采破碎率越大，这可能与名优绿茶与乌龙茶采摘标准不同有关。福建农科院茶叶所多年的调查观测表明，丹桂、黄观音、白芽奇兰、黄旦、金牡丹、铁观音、茗科 1 号（金观音）、水仙等乌龙茶品种机采新梢中符合乌龙茶采摘标准的芽叶比重较高，机采破碎率较低，较适宜机械采摘，可能与这些品种节间较长，叶片展叶角度较小有关。

## 第三节　茶树育种主要技术

当前茶树育种主要采用系统选种与杂交育种等常规育种技术，但茶叶商品生产的发展，对育种工作提出了很多新的更高的要求，仅仅依靠于自然界的变异已经远远不够，随着现代科学技术的进步，茶树育种也开辟了很多新的途径。品质、产量、抗性是茶树育种的主要指标，一个以杂交育种与单株选择为主要育种手段，分子标记辅助育种和快繁技术相结合的高效茶树育种技术体系正在逐步建立并不断得到发展。

新品种（系）选育主要技术路线：育种目标→亲本选配→种质创制→综合鉴定评定→扦插繁育→品比、区试→示范、生产应用（图 2－1）。

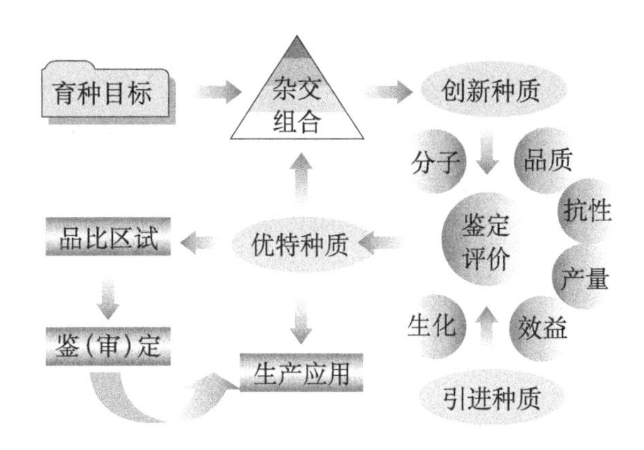


**图 2－1　新品种（系）选育主要技术路线**

## 一、育种相关概念

育种技术：选育农作物新品种的方法，主要有杂交育种、系统选种、辐射育种、诱变育种、多倍体育种、杂种优势利用、高光效育种、激光育种、嫁接育种、航空育种、体细胞杂交和基因工程等。

常规育种：按常规方法进行的新品种选育。茶树主要有杂交育种和系统选种，目前世界上 90% 以上的茶树新品种均为这两种方法育成。

高产育种：以高产为主要育种目标的新品种选育。其产量是由单位面积的芽梢数量和芽梢重量决定的。高产品种株型要求：叶片与枝梢间着生角度稍直立，光合能力强，呼吸消耗少，叶面积指数 3 ～4，根系活力强。

品质育种：以优质为主要育种目标的新品种选育。茶叶品质由色、香、味、形构成，主要由芽叶形态和生化组成决定。芽叶形态与其适制茶类及造型有较强相关，如特级洞庭碧螺春的鲜叶原料为一芽一叶初展，每千克约需嫩梢 12 万个。适制绿茶品种要求氨基酸含量高、茶多酚含量低，如适制碧螺春品种要求发芽早、芽密度高、叶色绿、茸毛较多、芽叶细嫩、新梢生育力强等；红茶品种要求茶多酚含量高，多酚氧化酶活性强；叶质硬而脆、角质层较厚、叶长/叶宽比值小、叶梗粗/节间长比值大、鲜叶多酚类含量及组成适中的品种适制乌龙茶。

抗性育种：以抗寒、抗旱、抗虫、抗病等为主要目标的新品种选育。包括抗性种质的调查鉴定、征集、保存。采用杂交或生物技术，将目的抗性基因转入到育种材料中。但抗性往往与某些不良经济性状间存在连锁关系。

功能性成分育种：以高或低功能性成分为主要目标的新品种选育。如低咖啡碱茶，欧、美等国要求咖啡碱<0.5%，中国、日本要求咖啡碱<1%；高咖啡碱茶，咖啡碱>5%。高氨基酸，氨基酸>5.0%；高茶氨酸，茶氨酸>2.0%。高茶黄素，茶黄素>2.0%；高茶多酚，茶多酚>25%（GB/T 8313—2008）；高 EGCG，EGCG>13%。

亲本选配：选择和配置杂交父母本。父母本均要具有较多优点，亲本之一主要优良性状上有突出表现，且有较强的显性遗传，缺点能互补；亲本之一对当地自然条件有较强适应能力；花期尽可能相一致，母本结果率较高；亲本亲缘关系较远，且有较强的亲和力。

## 二、茶树系统选种

茶树系统选种，也叫单株育种、个体选择。根据育种目标，从育种材料中（保存资源、杂交种质、原始材料等）选出优良单株，分别进行无性繁殖，使入选个体后代形成一个系统（品系），然后通过株系比较、品系比较试验、区域试验，育成有应用前景的新品种的方法。1987 年第二批国家认定的 22 个国家茶树品种中，大部分以单株育种法育成。

茶树系统选种的技术关键是要善于区分茶树的优良性状和不良性状，选择时要注意区分遗传变异与非遗传变异。一般因环境因素而引起的变异是非遗传变异，通过杂交、基因突变、染色体畸变而引起的变异是遗传变异。

从产量性状看，高产品种通常：树冠大，分枝密，萌芽早，发芽轮次多，生长速度快，芽叶比较重，也就是“大、密、早、多、快、重”。

从品质性状看，一般说来，红茶类要求汤色红艳明亮，香味浓强鲜；绿茶类要求汤色嫩绿明亮，香味馥郁鲜爽；乌龙茶类要求汤色橙黄明亮，香味清高醇厚。适制红茶的品种要求叶片大，叶色淡绿，茶多酚含量高；适制绿茶的良种要求叶片较小，叶色绿或浓绿，芽叶中氨基酸含量高。

一个茶树新品种的育成，一般认为采用传统的方法至少需要 22～25 年。系统育种的主要程序如下。

（1）选择优良单株：在大量茶树的创制种质中（自然杂交后代、天然杂交后代、其他方式创新种质或原始材料）中，根据植株性状初选优良的单株观测（发芽期、休止期、生长势、叶色、叶片大小、单芽重、发芽密度、抗寒性、发酵性能和单株产量等）。初步开展产量比较与适制性鉴定。从中筛选出较有希望的单株。绿茶品种总体宜选择芽叶绿或浓绿、显毫、叶面稍隆起、叶质较软，氨基酸、简单儿茶素含量高的。红茶品种要选择芽叶黄绿、富茸毛、叶面隆起、叶质柔软、节间较长，茶多酚含量高，酚氨比在 20～35 的。特早生单株一般不予淘汰。

（2）初选单株扦插繁殖：对初步入选的优良单株，进行短穗扦插，扩大苗木数量，以供株系比较试验用。

（3）株系比较试验：入选的几个株系布置在同一试验小区，对其主要形态特征、生物学特性、经济性状等作观察鉴定，并同时加快优良株系的扩繁数量。

（4）品种（系）比较试验：对入选品系与对照品种（绿茶对照品种为福鼎大白茶，红茶为黔湄 809，乌龙茶为黄旦）进行比较试验，随机区组排列，3 次以上重复。连续 6 年对其长势、产量、茶类适制性、品质特点等进行系统鉴定，重点是产量和制茶品质鉴定。

（5）品种区域性试验：其目的是进一步摸清新品种的适应性，以便确定其推广的适宜地区。区试点的布置与内容，基本上与品比试验类同。为了缩短育种年限，区试与品比可同步进行。

（6）品种审定与推广：通过区试、示范，对新品种（系）的产量、品质、抗性、适应性、应用前景等进行全面总结。按规定程序向所在省茶树良种审（认、鉴）定机构提出申请。通过审（认、鉴）定的品种，可以繁育并在适宜地区推广。

## 三、杂交育种

杂交育种是将具有不同遗传特性的茶树，通过雌雄性细胞的人工结合，从杂种后代中按育种目标进行选择，从而选育成新品种。通过有性杂交（不同品种间杂交），可使父母本遗传基因重新组合或产生基因互补，从而导致可能出现的综合亲本性状的新组合，或产生超亲本现象，从杂种中选择以育成符合生产要求的新品种的方法。杂交育种是茶树创造遗传变异的主要方式之一，也是茶树新品种选育的重要途径。杂交可使亲本基因重新组合相互作用，亲本选配关系到育种成败与效率。杂种的选择一般采用单株选择法。除了常规杂交，远缘杂交也是扩大品种遗传基础的有效方法。但由于远缘杂交不育或结实率极低，在茶树育种上还不能作为主要手段。组织培养挽救幼胚策略正在尝试用来提高远缘杂交的成功率。

1. 杂交亲本选配原则

一是父母本性状能相互取长补短，尤其母本的综合性状要较好，仅需导入某些需要改良、增补的性状，这样的杂交易获得成功。如要育成早芽型良种，则亲本的一方应具有发芽早的特性。品质育种中品质因子也可互补，如滋味的浓酽型与郁香型，鲜爽度与浓度，刺激性与适口性等。

二是双亲的花期要相一致或接近。尤应注意组合亲本有无生殖隔离现象（如花粉不发芽、柱头低位、胚胎不发育等），如政和大白茶、水仙、佛手、梅占等品种本身不结实，就不能用作母本，只能作父本，或经特殊处理后作母本。父本的花粉也应具有较高的发芽率，一般在80%以上。

三是种间或双亲生态隔离的组合杂交，其杂种优势显著，容易出现超亲本现象。但这种杂交结实率普遍较低。如结合组织养法（如利用未成熟胚培养物）可以大大提高杂交成效。

在确定好杂交组合、选择好授粉母株（一般是青壮年树）后，授粉前1～2 d从父本株上采集含苞欲放的花蕾，放入培养皿或牛皮纸袋中，再置于干燥器内，次日早上，将已开放的茶蕾花粉用毛笔轻轻刷下，除去杂质，收集在带色小广口瓶中备用。为了防止母株的自然授粉，对拟授粉花朵可先行套纸袋隔离。根据花柱先熟于花粉的特性，亦可采用“剥花”授粉法。具体操作是，晴天上午8—10时，选择未完全开放（花柱未外露）的花蕾，徒手将花瓣轻轻扒开，露出柱头，然后用干净毛笔将父本花粉蘸在柱头上，随即将花瓣复原，再用长1.5 cm、宽0.8 cm的医用胶布将花瓣粘封（不可粘着萼片）。这种方法授粉一般一次即可，受精率可达80%～90%。授粉后即挂标记牌，记录组合亲本名称、授粉日期、天气、授粉人等。

茶树授粉后必须加强母株的培育管理。防止冻害，摘除不必要的花蕾、幼果，减少落果的发生。授粉后第二年从母株上采下的杂交茶籽可以单独播种。从二年生苗起就可以从中选择符合要求的单株，按150 cm×50 cm规格单株种植，连续观察3～4年，并将优良单株同时进行扦插繁殖。然后按系统选种的步骤对杂交材料进行株系比较、区域试验。从杂交开始到品种审定约需15年时间。

由于茶树从实生苗（种子苗）到成年开花结实需7～8年，故一般不采用回交法来加强亲本一方的某种特性，但可从由一代杂种繁殖的二三代中继续采用单株选择法选育出理想的材料。

2. 杂交育种主要方法

（1）自然杂交：也称天然杂交。遗传基础不同的亲本在自然条件下进行交配，其杂交后代具有双亲遗传性或超亲性状，是常规育种的重要原始材料。

（2）人工杂交：用人工方法使母本卵子授精的杂交方法。根据育种目标，选性状能够互补的亲本组合，可提高育种成效。

（3）有性杂交：遗传基础不同的亲本通过授粉进行交配，有简单杂交、复合杂交、回交、多次杂交、自然杂交等。技术要点：亲本选配中花期要相近，父本花粉萌发力要高，母本结果率要高；在授粉前 1～2 d 从父本上采集即将开放的饱满花朵，次日采集花粉在低温干燥器中备用；在母本花朵开放前套纸袋隔离，花朵开放时用镊子去除雄蕊；母本花朵开放时（一般在上午 8—10 时）用毛笔将父本花粉涂在柱头上，之后再套纸袋隔离，并挂标识。

## 四、诱变育种

是人为地利用各种物理、化学和生物等因素诱导植物遗传性发生变异，根据育种目标从变异后代中选育成新品种或获得有利用价值的种质资源。辐照后代与亲本基因组存在较大差异，可以作为育种创新材料继续进行培育和选择。中茶 108 是从龙井 43 插穗辐照后代中育成的；福丰是从 $Co^{60}$ 辐照的福鼎大白茶种子苗中选育的；皖农 111 是云南大叶茶种子经 $Co^{60}$ 辐照诱变育种的。

1. 茶树辐射育种

辐射育种是应用放射性核素的射线照射茶树或茶树器官，诱发其发生变异，然后经选择而育成新品种的育种新技术之一。分辐射源电离辐射和热辐射两类，茶树育种常用电离辐射，如 γ－射线和 β－射线等。辐射育种一是可使突变频率比自然突变率增加 1 000倍左右，扩大了选择范围；二是能有效改变品种的单一不良性状，尤其在抗病育种上有特殊作用；三是可打破某些性状的连锁遗传能力，去除与优良性状连锁在一起的不良性状；四是能克服远缘杂交的不亲和性等。但辐射育种不利变异多。这对打破连锁遗传，改良一、二个性状具有特殊作用。辐射一代一般不选择，混合收藏播种，辐射二代是选择关键，三、四代还可连续选择。辐射的材料选择同杂交亲本一样，宜选择综合性状优良，缺点少。一般用茶籽或茶苗、插枝做辐射的材料。不同生育状态或部位对辐射敏感性不同，通常萌动芽比休眠芽、扦插苗比实生苗、叶芽比花芽敏感。辐射处理后的种子或苗当代表现发芽迟、成苗率低、生长势弱、发育慢、有变态叶，当代多为隐性突变，发展有利变异要及时用无性繁殖加以稳定和扩繁。

外照射茶树休眠种子的临界剂量（$LD_{40}$）为1.032～2.064库/kg，一年生茶苗为0.774～1.290库/kg，插枝为0.258～0.774库/kg。内照射常用的方法是：用放射性同位素磷$P_{32}$或硫$S_{35}$等溶夜浸渍种子，浓度为370～740贝可/mL；处理茶芽时，可把溶液滴在裹有少许脱脂棉的处理芽上，或将处理芽的上部枝条剪去，再在其下方的茎上剥去一小块（5 mm×3 mm）皮层，嵌入滤纸或少许脱脂棉，然后滴上5.6×10/+～7.4×10/+5贝可的$P_{32}$或$S_{35}$即成。

### 2. 单倍体育种

单倍体育种是通过培育单倍体植株进行育种的方法。主要程序：用二倍体茶树的花药进行离体培养→诱导形成单倍体植株→染色体加倍→纯合二倍体植株→新品种。其遗传组成是纯合的，在人工有性杂交中可以防止后代的性状分离，是研究茶树遗传规律的重要材料。20世纪80年代初陈振光等用福云7号花药培养出完整的单倍体植株，这是国内外首次获得的单倍体茶树。

### 3. 多倍体育种

多倍体育种是通过染色体组成倍增加进行育种的方法。多倍体品种具有叶面积增大、叶片增厚、气孔和花粉粒增大，出现巨大花粉粒，叶绿素含量增加，光合能力和抗逆性增强，一些化学成份（糖、蛋白质等）增加。多倍体茶树包括自然和人工诱导两类。诱导方法主要有：采用0.5%～1.0%的秋水仙素处理萌动的茶子胚芽或分生能力旺盛的新梢顶芽48～96 h；用γ射线处理种子或插枝。

## 五、集团选择

将从群体种中选择的个体，按主要性状分为若干集团，分别采种或无性繁殖，再进行比较试验，从中选出优良集团。这对快速改良混杂的地方群体种具有较好效果。因集团内个体仍有差异，其效果不如单株选择。目前，该育种方法不再应用。

## 六、混合选择

从群体种中按育种目标选出若干优良单株，然后混合采种，或进行无性繁殖，后代再与对照种和原始群体种比较。此法能较快提高群体种的纯度。目前该育种方法也不再应用。

# 第四节　茶树杂交育种技术

## 一、杂交前的准备

根据育种目标制订相应的杂交工作计划，包括杂交组合数、亲本选择与配组方式、是否进行正反交以及每个杂交组合杂交花数。杂交花数取决于计划培育的杂种株数。

准备必要的杂交用具，如去雄用的镊子、隔离用的套袋、授粉工具（毛笔）、储藏花粉的器皿与干燥剂、消毒的酒精等。

## 二、花粉采集与储藏

在授粉前 1～2 d，从父本植株上采集即将开放、花粉呈金黄色的健康花朵，装入干燥的容器中，携回放置在比较干燥的地方。一般次日花粉就已成熟，可用毛笔将花粉从花朵上轻轻的刷下，除去杂质，收集待用。

茶树花粉在自然条件下，生活力容易丧失。例如，发芽率能达到 90% 以上的福鼎大白茶花粉，如不控制温、湿度，放置 23 d 后，发芽率仅为 9.7%。在杂交中，有时由于父母本开花期不一致，或者由于从异地采集花粉，需要将花粉储藏一段时间。在储藏期间，保持花粉生活力的关键措施是控制温、湿度。据研究，在 0℃、相对湿度 40% 的条件下，花粉储藏 3 个月之后，仍有 70% 的发芽率。有些杂交双亲之间花期差异较大的，可应用花期调节技术。

在有性杂交中，父本花粉生活力的强弱直接影响杂交的结果率。如果对父本花粉生活力不了解，或者是经储藏后的花粉，有必要对其发芽率进行测定。测定的主要方法有：

（1）形态法：显微镜下观测，正常的花粉粒一般呈球形或近球形；畸形、皱缩的花粉粒一般失去生活力。

（2）培养法：在盖玻片上滴 1～2 滴 5% 蔗糖溶液，撒下少量花粉，将盖玻片翻转盖在凹玻片的中央，置 25℃ 培养箱中培养数小时后，在显微镜下观测花粉萌发状况，统计3个视野，计算发芽率。

（3）染色法：过氧化物酶是花粉在发芽过程中呼吸所必需的，在该酶的作用下，将多元酚氧化而释放出活性氧，呈现颜色反应。将配好的联苯胺（0.2 g联苯胺溶于100 mL50%乙醇）、α萘酚（0.15gα－萘酚溶于100 mL50%乙醇）、碳酸钠（0.25 g碳酸钠溶于100 mL蒸馏水）溶液等量混合，配成混合液（混合液不稳定，即配即用）。滴1滴混合液于撒有花粉的载玻片上，再滴1滴0.3%过氧化氢溶液，用牙签将花粉与混合液轻轻搅匀，盖上盖玻片，3～4 min后，便可镜检。有生活力的花粉被染成红色或玫瑰色，无生活力的花粉染成黄色或无色。

## 三、隔离

茶树是异花授粉植物，为防止天然异交（虫媒、风媒），必须对母本的花朵在开放之前进行隔离。因为一旦花朵开放，昆虫就有可能将非父本的花粉授予母本的柱头上。隔离方法分套袋隔离和全株隔离。全株隔离是用网纱（建议500目以下）制成的框子将母本植株全部罩盖。一株成龄茶树的花一般有数千朵之多，而且花期又较长，不可能对每朵花都进行授粉，应选择盛花期开放、着生在短枝上发育良好的花蕾进行隔离，其余花蕾最好及时摘除，以防混杂，还可减少养分消耗，提高杂交结实率。

## 四、去雄

茶树虽是异花授粉作物，但仍有一定自交结实率（一般<4.0%）。因此，以研究遗传规律为目的的人工杂交须做去雄处理。茶花去雄是一项费时、费工的细致工作，所以对自花授粉结实率较低的品种，当杂交的目的是为了产生基因重组，创造新品种时，也可免去繁重的去雄工作。因为即使存在自花授粉，只是造成少数后代的父本不是所安排的杂交亲本，对工作目的无很大影响。去雄的时间一般在母本植株开花前1～2 d。去雄的方法通常是用镊子将花瓣轻轻拨开，仔细钳去雄蕊，又不伤及雌蕊。此外，还有化学去雄和温汤去雄法。这些方法的共同特点是将雄蕊杀死，而雌蕊不受影响。

## 五、授粉

去雄后1～2 d，或花朵开放的当天，当柱头分泌出黏液，花粉易黏着和发芽，为授粉最适宜时期。授粉时间最好在母本盛花期、晴朗无风的上午8—10时进行。8时之前，露水太多，10时之后，气温较高，阳光较高强，柱头黏液容易干燥，花粉不易黏着和发芽。

授粉方法是打开隔离袋或隔离框上的小门，用毛笔蘸着所采集备用的父本花粉轻轻涂在母本柱头上，至肉眼可见柱头上有金黄色的花粉。授粉完毕，套上隔离袋或关上小门，挂上标牌。标牌上注明父母本（组合）名称、株号、授粉花数和授粉日期，还应该另备杂交登记表，供以后分析记载，同时可防止遗漏。

以选择过的混合花粉来做辅助授粉，是茶树选种中的一个良好的杂交方法。给花朵授粉时，收集的花粉愈多，选择受精便愈好，从而种子的生命力就愈强大。花粉授在没有去雄花朵的柱头上，母株自己的花粉参与授粉，也能刺激结实。在覆盖棚内进行杂交，不去雄、不套袋，结实率是普通杂交的10倍以上。董丽娟等研究表明：①相同组合的结实率，去雄授粉套代（罩网）＜不去雄授粉套代（罩网）＜蕾白期人工授粉（不去雄、不套代）；②在杂交授粉中，采集父本花粉最宜采用乳白色、较松软的花蕾；③结实率，初开期＜盛（全）开期＜蕾白期，在蕾白期采用去雄套袋（网）；④茶花去雄后立即授粉，比第一天去雄第二天授粉省工、省力，结实率也较高。

## 六、授粉后管理

为防止套袋不严、隔离袋脱落或破损而发生非目的性杂交，保证杂交结果正确可靠，杂交后的最初几天应注意检查。授粉后1周左右，花瓣凋萎脱落，柱头呈褐色干缩状，此时即可去掉隔离袋或隔离框，以便受精后的子房在自然条件下正常发育。因为授粉工作是逐日进行的，故去袋也应逐日进行。检查中若发现整个花朵全部凋萎或脱落，表示未受精。

受精后形成的幼果能否正常发育，受到各种内、外因素的影响。幼果的脱落率很大，据赵学仁等研究表明，在人工杂交下为57.3%～98.8%。幼果大量脱落的原因除品种特性外，还可由不良的环境和不当的栽培措施等引起。如授粉不足、低温干旱、虫害、营养不良、不合理的采摘等。应采取相应的栽培技术措施，促进幼果的形成和发育。茶果成熟后，应按不同杂交组合，及时分别采收，统计杂交结实率，进行室内考种，鉴定种子质量，并严格分别贮放和播种。

# 第五节　茶树育种早期鉴定与快繁技术

## 一、茶树育种早期鉴定技术

传统育种的效率是比较低的，能选出高产优质单株的成功率约为 40 000：1 或更低；为了缩短育种年限，提高选育效果，业界一直以来都把茶树育种早期鉴定技术列为研究重点，并取得一批成果。20 世纪 70 年代前后，主要研究某些形态性状与产量、品质、抗性的简单相关；进入 80 年代，开始利用通径分析、多元回归、主成分分析等生物统计学方法，系统地分析形态、生理生化等多个变量与茶树产量、品质、抗性的关系；到 90 年代后期，发展到用 DNA 分子标记进行早期鉴定。与茶树性状连锁的 DNA 分子标记，据介绍其可靠性在 80% 以上，它们在茶树育种早期鉴定中将起到十分重要的作用，使早期鉴定从形态、生理生化水平发展到分子水平。

## 二、快速繁殖技术

选育和推广茶树新品种的瓶颈之一是早期繁育速度慢。从一个优良单株开始，繁育足够的苗木参加品系比较和区域试验需要花费几年的时间；新育成品种要大面积推广，原种的繁育又需要花费大量的时间。假设在只有 1 ～2 个有限插穗的情况下，应用常规的短穗扦插方法，可能需要花费 8 ～10 年时间才能获得四五千株苗；而用组培快繁技术，可能只需要 2 年左右的时间。组培快繁技术和工厂化育苗技术在茶树上的应用已经比较成熟，在有限的时间内能获得大量的植株，可以缩短茶树新材料、新品种的繁种周期，推动新品种育成与快速推广。

# 第六节　茶树优良品种的繁育

茶树繁殖方法，可分为种子繁殖（有性繁殖）和无性繁殖（主要是扦插繁育）两大类。

种子繁殖方法简便，成本低，后代抗寒、抗旱、适应性强，比较耐贫瘠，易于栽培。但后代容易产生变异，不易保持母树的优良性状。

利用茶树茎、叶、根、芽等营养器官进行繁殖，叫做营养繁殖，又称无性繁殖。无性繁殖方法很多，有扦插、压条、分株、嫁接等，目前在生产上应用比较普遍的是短穗扦插。无性繁殖能够保持母本优良性状，但育苗花工多，成本较高。从发展趋势来看，今后主要推广无性繁殖系品种。无性繁殖的茶苗，适应性较差，栽培管理要求较高。

## 一、茶树种子繁殖

### 1. 留种茶园的选择与培育

（1）留种茶园选择：①品种性状比较一致。对混入的杂种劣株，可采用重剪、重采、挖除等方法除杂去劣。②母树生长健壮。衰老者可台刈更新，待树势恢复后，再作留种用。③茶园土壤深厚、肥沃。④茶园地势平缓开阔，通风透光。⑤无严重病虫为害。

（2）留种茶园的培育：①增施磷肥。一般可采用氮：磷：钾为 1：3：2 的比例。②改进采摘方法。一般采用春茶分批留叶采，夏茶留养或夏秋茶留养的方法，能够增加茶籽的产量。③抗旱、防冻和防治病虫害。

### 2. 茶籽的采收

（1）采收时期：茶果成熟的标志是果壳呈绿褐色，微有裂缝，种壳硬脆，呈棕褐色；剥开种壳种仁饱满，呈乳白色。一般霜降前后采收茶果较为适宜。

（2）采收方法：采收茶果，要先熟先收，迟熟迟收，以保证茶籽质量。不要采收虫蛀茶果。不同品种的茶果，应分别采放。

（3）采收后的处理：采回的茶果，宜放于干燥、阴凉、通风处，避免日光曝晒和雨淋。摊放厚度不宜超过 10 cm，每天翻动 1～2 次。3～5 d 后，茶果开始裂开，此时可轻轻揉压，使果壳与种子脱离，然后用筛子筛出茶籽。将脱壳的茶籽适当摊晾，使茶籽含水量降至 30% 左右。脱壳摊晾的茶籽，去掉夹杂物及虫蛀劣变者，过筛分级，即可播种。不能及时播种的茶籽，要进行贮藏。如果运往外地，应妥善包装，及时起运。茶籽摊放过久，失水过多，就会影响发芽率。

### 3. 茶籽的贮藏

（1）室内砂藏：选择朝北或朝西北的阴凉房间，先在地面铺一层干草，再 5～6 cm

的干净细沙，上铺 10 cm 左右的茶籽，再铺一层细沙，以茶籽不露出为度。如此相间铺茶籽 5 ～6 层，最后一层的细沙上面再覆盖一层干草。贮藏数量多的，堆中可安放若干个通气筒，并经常检查堆内温度和茶籽含水量。少量茶籽可用同样方法贮藏于木箱内。

（2）室外沟藏：这种方法适合贮藏大量茶籽。选择地势高、干燥、排水良好、朝北的地方，挖掘贮藏沟。沟深 25 ～30 cm，宽 100 cm，沟长依茶籽多少而定，然后将沟底、沟壁砸实，并薄薄地铺一层稻草，再倒入厚约 10 cm 的茶籽，上面再铺一层稻草或细沙，以茶籽不露出为度。如此相间铺茶籽 2 ～3 层，最后铺盖一层稻草，上面再用泥土紧封成屋脊形。贮藏沟中部每隔 2 米安置一个通气筒。贮藏沟周围，还应开设排水沟，以防贮藏沟中积水。

（3）室外畦藏：这是一种简易的室外贮藏方法。选择地势高燥处作畦，畦面宽 100 cm 左右，畦长视茶籽贮藏量而定。畦面上先铺一层细沙，再铺一层厚 4 ～5 cm 的茶籽，如此相间铺茶籽 2 ～3 层，在最上层的细沙上再盖土紧封，呈馒头形，土层上再盖以稻草。

不论采取哪种贮藏方法，在贮藏期间，每隔 1 ～2 个月抽样检查一次，如发现茶籽霉变，应及时清除。

#### 4. 茶籽育苗

（1）苗圃的选择与整理：选地势平坦或缓坡地，土壤微酸性，土质肥沃疏松、排灌条件较好的地段为实生苗圃。同时要求交通方便，靠近准备种植的茶园附近。不宜选用前作是烟、麻、蔬菜地作苗圃。苗圃选定后先进行全面深翻，深度 30 ～35 cm，并结合施底肥（每 667 $m^2$ 施腐熟厩肥或堆肥 1 000 ～1 500 kg，过磷酸钙 25 ～30 kg）。深耕后，将土块砸碎耙平，再作苗床。苗床宽 1 m 左右，长 10 m 左右，高 10 ～20 cm，畦沟宽 40 cm 左右。

（2）播种：冬播在 11—12 月，春播在 2—3 月，但以冬播为好。播种前浸种催芽，先将茶籽用 25 ～30℃的温水浸 4 ～5 d（每天换水两次，将浮在水面的茶籽捞出淘汰）然后摊在室内的沙畦上（铺砂厚 5 ～6 cm），厚 7 ～10 cm，上面盖一层 5 ～6 cm 厚的细沙，砂上再铺稻草。保持室温 25℃左右，每天洒水一次。催芽室空气要适当流通。当 50% 的茶籽露出胚根时，即可播种。播种方法：可穴播或单粒条播。单粒条播行距 20 cm，粒距 3 ～4 cm。穴播行距 20 cm，穴距 15 cm，每穴播茶籽 4 ～5 粒。播种后随即覆土，覆土厚 2 ～4 cm。

（3）苗圃的管理：及时除草，出苗期要以手拔为主，并以小手锄在行间辅助松土除草。第一次追肥，可在 6 月中旬浇施腐熟清水粪。以后随茶苗成长，将施肥浓度逐渐加大。抗旱保苗的方法很多，结合追肥经常浇施清水粪，在播种行上插铁芒萁、松枝、蕨草遮阴等。注意防治蝼蛄、茶蚜等常见病虫害。

## 二、茶树扦插繁育

茶树扦插通常用一个叶片带一个叶片节间，成为一个插穗，所以又称短穗扦插，是无性系繁殖的主要方法，也是生产用种主要在扩繁手段。茶树短穗扦插的成活率与出圃率，除与品种、苗圃土质、自然条件等因素有关外，主要决定于扦插和管理技术措施。

### 1. 母穗的培养

母穗质量不仅与扦插成活率有关，还影响苗木的长势。因此，应选择穗条产量高、青壮年茶树作母穗园。母穗园上年秋冬基肥可1亩施农家肥2 500～5 000 kg，最好再增施饼肥100～150 kg，春茶前施氮肥15～20 kg。

### 2. 苗圃建设

水田防止积水涝洼，旱地注意保水和灌溉。土壤必须是筛分过的颗粒匀细的酸性红黄壤心土。苗床一般畦宽1 m，畦沟面距40 cm，畦面施腐熟饼肥0.5 kg/$m^2$，或腐熟厩肥5 kg，或每1亩施有机肥500 kg，再加茶饼肥100 kg。前作如是豆、薯、花生等作物，要注意防治根结线虫为害。苗地基肥与土拌匀压实，上面再铺黄泥心土3～5 cm，最后压实划出扦插行。

### 3. 扦插时期

南部茶区一年四季都可扦插，其他地区春、夏、秋季均可。适宜的扦插期，要求发根快、成活率高，茶苗长势旺，合格苗木多。中国农业科学院茶叶研究所试验表明，以夏插效果最好。夏插在我国大部分地区，都可采用，但夏插正值高温干旱季节，稍有疏忽就会严重影响成活率。秋插也较适宜，且管理周期短，成本较低，但要养好秋梢。穗条应选茎皮红棕或黄绿色的穗条，扦插成活率最高，一般穗长3～4 cm（茎粗2.5～3.0 cm）每穗要带有完整的腋芽和叶片。

节间短的品种可采用“二叶插法”，即一个短穗带2张叶片，这有助提高成活率和茶苗长势。用激素处理母树对提高成活率和促进茶苗长势很有利。据浙江农业大学试验，用50 mL /L加2，4－D水溶液或30 mL /L增产灵水溶液喷施母树，可显著提高茶苗成活率。扦插密度一般以正常叶片作行株距，大叶品种可剪去1/2～2/3叶片。如以行距 8～10 cm、株距 2.5 cm 计，可扦插 400 株/$m^2$。

4. 管理措施

（1）浇水：扦插初期每天浇水 2 次，发根后减为 1 次，水田除刚插好的头几天淋浇外，以后可沟灌，以保持畦面湿润为度。苗高 5～10 cm 不再多浇灌，但遇久旱无雨天气，仍需不定期浇水。

（2）适度遮阴：以搭水平遮阴棚为好。遮阴物要有 1/3～1/2 的透光率。冬季或春雨季节如遇长时间较强日照，可不遮阴。冬季用薄膜覆盖圃床，可起到保暖、保湿、防冻、防霜，减少浇水的作用。为防止膜内温度骤升或急降，可在上面再覆以草帘或采用双层黄色塑料薄膜覆盖。

（3）施肥：夏插苗，翌年开春后施熟化的稀薄人粪尿（每 50 升水加粪水 4 瓢）或用稀释 100 倍的硫酸铵或 200 倍的尿素。在出圃前视苗木长势再施 2～3 次肥。

（4）病虫害防治：扦插后 7～10 d 可喷 1 次半量波尔多液，入冬前再喷 1 次。其他病虫害防治同生产茶园。

## 第七节　植物新品种保护

植物新品种保护是知识产权保护的一种形式。随着农业科学技术以及生物技术的发展，农作物优良品种对促进农业生产发展发挥着越来越重要的作用，农作物育种成为农业技术创新中最活跃的因素。

国家林业局 1999 年 4 月 22 日发布的中华人民共和国植物新品种保护名录（林业部分）（第一批），山茶属（Camellia）榜上有名。农业部于 2008 年 4 月 21 日将茶组［Camellia L. Section Thea（L.）Dyer］列入中华人民共和国农业植物品种保护名录（第七批）。为了规范茶树新品种和育种资源的测试，我国制订了茶树新品种 DUS（特异性 distinctness、一致性 uniformity 和稳定性 stability）测试指南，该指南也是中国为国际植物新品种保护联盟（UPOV）制订的第一个 DUS 测试指南。

据农业部公布的数据，1999—2011 年，植物新品种申请量为 7 863 项，授权数 3 491 项，国内的科研机构和企业是申请的主体；就申请及授权的种类来看，以大田作物为主，茶组的申请量为 18 个，仅为总量的 0.23 %，目前已获植物新品种权的授权茶树品种有 10 个，见表 2－1；已向农业部植物新品种保护办公室申请的茶组植物有 54 个，见

表2－2；已向国家林业局植物新品种保护办公室申请的山茶组植物有11个，见表2－3。

与大田作物、蔬菜、花卉等相比，茶类的植物新品种保护力度远远不够，而植物新品种权保护将成为未来农业核心竞争力的生长点之一，我国必须尽快开展并完善茶树新品种权保护工作。

**表2－1　近几年获得植物品种保护权的山茶属品种**

| 品种名称 | 品种权号 | 申请号 | 形态学特征和生物学特性 |
| --- | --- | --- | --- |
| 云茶1号 | 20050030 | 20150859.1 | 叶片椭圆形，叶色深绿，芽叶黄绿，茸毛特多，一芽三叶百芽重144 g。 |
| 紫鹃 | 20050031 | 20150215 | 叶片柳叶形，叶色紫，芽叶紫色，茸毛多，一芽三叶百芽重115 g。 |
| 可可茶1号 | 20080020 | 20150216.9 | 叶片长椭圆形，叶色深绿，芽叶绿，粗壮，茸毛多，一芽三叶百芽重210 g。 |
| 可可茶2号 | 20080021 | 20141404 | 叶片长圆形，叶色浅绿，芽叶黄绿，细锥形，茸毛多，一芽三叶百芽重200 g。 |
| 郁金香 | 20130038 | 20141405.9 | 叶片中椭圆形，叶色黄，芽型粗壮，一芽一叶百芽重12 g。 |
| 黄金斑 | 20130039 | 20141406.8 | 叶片长椭圆形，叶色黄绿复色，芽型小，一芽三一叶百芽重10 g。 |
| 金玉缘 | 20130040 | 20141407.7 | 叶片长椭圆形，叶色黄白（绿）复色，芽型小，一芽一叶百芽重10 g。 |
| 中茶125 | CNA005624G | 20100657 | |
| 中茶251 | CNA005625G | 20100659.8 | |
| 云茶普蕊 | CNA006257G | 20090203.2 | |

**表2－2　近几年茶组 *Camellia* L. *Section Thea*（L.）Dyer 植物保护品种申请公告汇总（农业部植物新品种保护办公室）**

| 申请号 | 品种名称 | 申请日 | 申请/品种权人 | 公告号 |
| --- | --- | --- | --- | --- |
| 20150859.1 | 北茶36 | 2015/6/18 | 张续周 | CNA014085E |
| 20150215 | 韩冠茶 | 2015/2/7 | 福建省农业科学院茶叶研究所 | CNA013479E |
| 20150216.9 | 皇冠茶 | 2015/2/7 | 福建省农业科学院茶叶研究所 | CNA013894E |
| 20141404 | 贵绿2号 | 2014/12/5 | 贵州省茶叶研究所 | CNA012761E |
| 20141405.9 | 贵绿3号 | 2014/12/5 | 贵州省茶叶研究所 | CNA012762E |
| 20141406.8 | 高原绿 | 2014/12/5 | 贵州省茶叶研究所 | CNA012763E |
| 20141407.7 | 格绿 | 2014/12/5 | 贵州省茶叶研究所 | CNA012764E |
| 20141408.6 | 一味 | 2014/12/5 | 贵州省茶叶研究所 | CNA012765E |
| 20141409.5 | 流芳 | 2014/12/5 | 贵州省茶叶研究所 | CNA012766E |

（续表）

| 申请号 | 品种名称 | 申请日 | 申请/品种权人 | 公告号 |
| --- | --- | --- | --- | --- |
| 20141410.2 | 千江月 | 2014/12/5 | 贵州省茶叶研究所 | CNA012767E |
| 20141411.1 | 贵绿1号 | 2014/12/5 | 贵州省茶叶研究所 | CNA012768E |
| 20141369.3 | 杭茶21号 | 2014/11/24 | 杭州市农业科学研究院 | CNA012758E |
| 20141370 | 杭茶22号 | 2014/11/24 | 杭州市农业科学研究院 | CNA012759E |
| 20141371.9 | 磐茶1号 | 2014/11/24 | 磐安县农业局 | CNA012760E |
| 20141126.7 | 中茶136 | 2014/10/16 | 中国农业科学院茶叶研究所 | CNA012576E |
| 20141127.6 | 中茶137 | 2014/10/16 | 中国农业科学院茶叶研究所 | CNA012577E |
| 20141128.5 | 中茶138 | 2014/10/16 | 中国农业科学院茶叶研究所 | CNA012578E |
| 20141129.4 | 中茶139 | 2014/10/16 | 中国农业科学院茶叶研究所 | CNA012579E |
| 20140554 | 中茶134 | 2014/5/10 | 中国农业科学院茶叶研究所 | CNA012303E |
| 20140555.9 | 中茶135 | 2014/5/10 | 中国农业科学院茶叶研究所 | CNA012304E |
| 20130586.3 | 中茶126 | 2013/7/1 | 中国农业科学院茶叶研究所 | CNA010768E |
| 20130587.2 | 中茶127 | 2013/7/1 | 中国农业科学院茶叶研究所 | CNA010769E |
| 20130588.1 | 中茶128 | 2013/7/1 | 中国农业科学院茶叶研究所 | CNA010770E |
| 20130589 | 黄叶宝 | 2013/7/1 | 吕才宝 | CNA010984E |
| 20130064.4 | 栗峰 | 2013/1/17 | 杭州市农业科学研究院 | CNA010339E |
| 20121112.5 | 陕茶1号 | 2012/11/30 | 安康市汉水韵茶业有限公司 | CNA009993E |
| 20120455.2 | 紫嫣 | 2012/5/16 | 四川农业大学 | CNA009307E |
| 20110657.9 | 金茗1号 | 2011/9/11 | 湖北省农业科学院果树茶叶研究所 | CNA008417E |
| 20110151 | 花欲容 | 2011/2/24 | 吴宣东 | CNA007872E |
| 20100657 | 中茶125 | 2010/8/18 | 中国农业科学院茶叶研究所 | CNA007106E |
| 20100658.9 | 中茶211 | 2010/8/18 | 中国农业科学院茶叶研究所 | CNA007107E |
| 20100659.8 | 中茶251 | 2010/8/18 | 中国农业科学院茶叶研究所 | CNA007108E |
| 20100447.5 | 云茶奇蕊 | 2010/6/10 | 云南省农业科学院 | CNA006978E |
| 20100448.4 | 云茶银剑 | 2010/6/10 | 云南省农业科学院 | CNA006979E |
| 20090403 | 酸茶 | 2009/7/18 | 杨煜炜 | CNA006167E |
| 20090366.5 | 罗浮山可可茶 | 2009/7/2 | 广东罗浮药谷有限公司 | CNA005829E |
| 20090204.1 | 云茶香1号 | 2009/4/8 | 云南省农业科学院 | CNA006258G |
| 20090203.2 | 云茶普蕊 | 2009/4/8 | 云南省农业科学院 | CNA005593E |
| 20090204.1 | 云茶香1号 | 2009/4/8 | 云南省农业科学院 | CNA005594E |
| 20080569.X | 黔湄809号 | 2008/10/24 | 贵州省茶叶研究所 | CNA006256G |
| 20080568.1 | 黔茶7号 | 2008/10/24 | 贵州省茶叶研究所 | CNA005082E |
| 20080569.X | 黔湄809号 | 2008/10/24 | 贵州省茶叶研究所 | CNA005275E |

（续表）

| 申请号 | 品种名称 | 申请日 | 申请/品种权人 | 公告号 |
| --- | --- | --- | --- | --- |
| 20080570.3 | 苔选 03－10 | 2008/10/24 | 贵州省茶叶研究所 | CNA005276E |
| 20080571.1 | 苔选 03－22 | 2008/10/24 | 贵州省茶叶研究所 | CNA005277E |
| 20080572.X | 黔茶 8 号 | 2008/10/24 | 贵州省茶叶研究所 | CNA005083E |
| 20080573.8 | 贵茶育 8 号 | 2008/10/24 | 贵州省茶叶研究所 | CNA005278E |
| 20080574.6 | 黔辐 4 号 | 2008/10/24 | 贵州省茶叶研究所 | CNA005279E |
| 20080575.4 | 黔茶大花 1 号 | 2008/10/24 | 贵州省茶叶研究所 | CNA005280E |
| 20080576.2 | 黔茶大花 2 号 | 2008/10/24 | 贵州省茶叶研究所 | CNA005281E |
| 20100657.0 | 中茶 125 | 2010－08－18 | 中国农业科学院茶叶研究所 | CNA005624G |
| 20100659.8 | 中茶 251 | 2010－08－18 | 中国农业科学院茶叶研究所 | CNA005625G |
| 20090203.2 | 云茶普蕊 | 2009－04－08 | 云南省农业科学院 | CNA006257G |
| 20090204.1 | 云茶香 1 号 | 2009－04－08 | 云南省农业科学院 | CNA006258G |
| 20080569.X | 黔湄 809 号 | 2008－10－24 | 贵州省茶叶研究所 | CNA006256G |

**表 2－3　近几年国家林业局受理的山茶属植物品种保护权名单**
**（国家林业局植物新品种保护办公室）**

| 名称 | 申请人 | 申请日 | 申请号 | 授权日 | 品种权号 |
| --- | --- | --- | --- | --- | --- |
| 南粤红霞 | 广东棕榈园林股份有限公司 | 2008－09－25 | 20080053 | | |
| 可可茶 1 号 | 中山大学生命科学学院、广东省农业科学院茶叶研究所 | 2007－05－28 | 20070023 | | 20080020 |
| 彩叶红露珍 | 何林根、李世明 | 2004－12－20 | 20040035 | | |
| 花绯爪芙蓉 | 林兆洪 | 1999－4－23 | 19990040 | | |
| 可可茶 2 号 | 中山大学生命科学学院、广东省农业科学院茶叶研究所 | 2007－05－28 | 20070024 | | 20080021 |
| 龙顶 8 号茶树 | 周天相 | 2004－6－1 | 20040005 | | |
| 玉丹 | 林兆洪 | 1999－4－24 | 19990021 | 2000－12－29 | 20000014 |
| 紫娟 | 云南省农业科学院茶叶研究所 | 2005－11－28 | | 2005－11－28 | 20050031 |
| 云茶 1 号 | 云南省农业科学院茶叶研究所 | 2004－11－30 | 20040031 | 2005－11－28 | 20050030 |
| 华美红 | 林兆洪 | 1999－4－23 | 19990022 | 2000－12－29 | 20000015 |
| 骄阳 | 杭州花圃 | 1999－4－23 | 19990035 | 2001－10－31 | 20010019 |

# 第三章　福建茶叶生产用种

至2015年6月福建省通过国家审（鉴、认）定的国家茶树品种有26个（福鼎大白茶、福鼎大毫茶、福安大白茶、梅占、政和大白茶、毛蟹、铁观音、黄旦、福建水仙、本山、大叶乌龙、福云6号、福云7号、福云10号、八仙茶、黄观音、悦茗香、茗科1号、黄奇、霞浦春波绿、丹桂、春兰、瑞香、金牡丹、黄玫瑰、紫牡丹）；通过福建省审（认）定的茶树品种有19个（早逢春、肉桂、佛手、福云595、朝阳、白芽奇兰、九龙大白茶、凤圆春、杏仁茶、霞浦元宵茶、九龙袍、早春毫、福云20号、紫玫瑰、歌乐茶、金萱［中国台湾引进］、大红袍、榕春早、春闺）。省外良种龙井43、乌牛早、迎霜、安吉白茶等在福建茶区也得以推广应用。

## 第一节　绿茶品种

### 一、福建绿茶主栽品种

1. 福云6号

二倍体；无性系，小乔木型，大叶类，特早生种。

（1）产地（来源）与分布：由福建省农业科学院茶叶研究所于1957—1971年从福鼎大白茶与云南大叶茶自然杂交后代中采用单株育种法育成。福建及广西壮族自治区（以下简称广西）、浙江省有较大面积栽培。湖南省、江西省、四川省、贵州省、安徽省、江苏省、湖北省等省有引种。1987年全国农作物品种审定委员会认定为国家品种，编号GS13003-1987。

（2）特征：植株高大，树姿半开张，主干显，分枝较密。叶片呈水平或稍下垂状着生，叶长椭圆或椭圆形，叶色绿，有光泽，叶面平或微隆起，叶缘平或微波，叶身稍内折或平，叶尖渐尖，叶齿稍钝浅密，叶质较厚软。花冠直径3.3 cm，花瓣6瓣，子房茸毛多，花柱3裂。

（3）特性：春季萌发期早，在福建福安社口观测，一芽二叶初展期分别出现于3月15日和3月24日。芽叶生育力强，发芽密，持嫩性较强，芽叶黄绿色，茸毛特多；一芽三叶百芽重69.0 g。2010、2011年在福建福安社口取样春茶一芽二叶含茶多酚14.9%、氨基酸4.7%、咖啡碱2.9%、水浸出物45.1%。产量高，每亩干茶200～300 kg以上。以上适制绿茶、红茶、白茶。制工夫红茶，色泽乌润显毫，香清高，味醇和；制烘青绿茶，条索紧细，色泽绿带淡黄，白毫多，香清味醇；制白茶，芽壮毫多色白。抗旱性强，抗寒性较强。扦插繁殖力强，成活率高。

（4）适栽地区：江南茶区。

（5）栽培要点：选择中低海拔园地种植，避免早春嫩梢遭受晚霜危害。适当增加种植密度与定剪次数。

### 2. 福鼎大白茶

又名白毛茶，简称福大。二倍体；无性系，小乔木型，中叶类，早生种。

（1）产地（来源）与分布：原产福建省福鼎市点头镇柏柳村，已有100多年栽培史。1985年全国农作物品种审定委员会认定为国家品种，编号GS13001-1985。

（2）特征：植株较高大，树枝半开张，主干较明显，分枝较密，叶片呈上斜状着生。叶椭圆形，叶色绿，叶面隆起，有光泽，叶缘平，叶身平，叶尖钝尖，叶齿锐较深密，叶质较厚软。花冠直径3.7 cm，花瓣7瓣，子房茸毛多，花柱3裂。

（3）特性：春季萌发期早，2010年和2011年在福建福安社口观测，一芽二叶初展期分别出现于3月24日和4月2日。芽叶生育力强，发芽整齐、密度大，持嫩性强，芽叶黄绿色，茸毛特多；一芽三叶百芽重63.0 g。2010年、2011年在福建福安社口取样春茶一芽二叶含茶多酚14.8%、氨基酸4.0%、咖啡碱3.3%、水浸出物49.8%。产量高，每亩干茶可达200 kg以上。适制绿茶、红茶、白茶，品质优。制烘青绿茶，色翠绿，白毫多，香高爽似栗香，味鲜醇，是窨制花茶的优质原料；制工夫红茶，色泽乌润显毫，汤色红艳，香高味醇；制白茶，芽壮色白，香鲜味醇，是制白毫银针、白牡丹的优质原料。抗性强，适应性广。扦插繁殖力强，成活率高。

（4）适栽地区：长江南北及华南茶区。

（5）栽培要点：注意增施有机肥，分批留叶采，注意采养结合。

### 3. 福鼎大毫茶

简称大毫。二倍体；无性系，小乔木型，大叶类，早生种。

（1）产地（来源）与分布：原产福建省福鼎市点头镇汪家洋村，已有100多年栽培史。1985年全国农作物品种审定委员会认定为国家品种，编号GS13002-1985。

（2）特征：植株高大，树姿较直立，分枝较密。叶片呈水平或下垂状着生，叶椭圆或近长椭圆形，叶色绿，富光泽，叶面隆起，叶缘微波，叶身稍内折，叶尖渐尖，叶齿锐浅较密，叶质厚脆。花冠直径4. 3～5. 2 cm，花瓣7瓣，子房茸毛多，花柱3裂。

（3）特性：春季萌发期早，2010年和2011年在福建福安社口观测，一芽二叶初展期分别出现于3月23日和4月1日。芽叶生育力较强，发芽整齐，持嫩性较强，芽叶黄绿色，肥壮，茸毛特多；一芽三叶百芽重104. 0 g。2010、2011年在福建福安社口取样春茶一芽二叶含茶多酚17. 3%、氨基酸5. 3%、咖啡碱3. 2%、水浸出物47. 2%。产量高，每亩干茶可达200～300 kg。适制绿茶、红茶、白茶，品质优，是制白毫银针、白牡丹和福建绿雪芽的优质原料。抗性强和适应性广。扦插繁殖力强，成活率高。

（4）适栽地区：我国长江南北及华南茶区。

（5）栽培要点：适当增加种植密度，适时定剪3～4次，促进高产树冠形成，及时分批嫩采。

4. 福安大白茶

（1）产地（来源）与分布：又名高岭大白茶。二倍体；无性系，小乔木型，大叶类，早生种。原产福安市康厝乡高山村。20世纪70年代后主要分布于在福建省东部、北部茶区，皖、湘、鄂、黔、浙、赣、苏、川等地有引种。1985全国茶树良种审定委员会认定为国家良种，编号GS13003-1985。

（2）特征：植株高大，树姿半开张，主干显，分枝较密，叶片呈稍上斜状着生。叶长椭圆形，叶色深绿，富光泽，叶面平，叶身内折，叶缘平，叶尖渐尖，叶齿较锐浅密，叶质厚脆。花冠直径3. 8 cm，花瓣7～8瓣，子房茸毛多，花柱3裂，几乎不结实。

（3）特性：春季萌发期早，2010年和2011年在福建福安社口观测，一芽二叶初展期分别出现于3月26日和4月4日。芽叶生育力强，持嫩性较强，芽叶黄绿色，茸毛较多；一芽三叶百芽重98. 0 g。2010年、2011年在福建福安社口取样春茶一芽二叶含茶多酚15. 5%、氨基酸6. 1%、咖啡碱3. 4%、水浸出物51. 3%。产量高，每亩干茶可达200～300 kg。适制绿茶、白茶、红茶。制烘青绿茶，色灰绿显毫，香高似栗香，味鲜浓，是窨制花茶的优质原料；制工夫红茶，条壮肥壮紧实，显毫，色泽乌润，香高味浓；制白茶，芽壮毫显，香鲜味醇。抗寒、抗旱能力强。扦插繁殖力强，成活率高。

（4）适栽地区：长江南北茶区。

（5）栽培要点：选择土壤通透性良好的苗地扦插育苗。选择土层深厚的园地双行双株种植，及时定剪 3～4 次，提高发芽密度。及时嫩采。

### 5. 福云 7 号

二倍体；无性系，小乔木型，大叶类，早生种。

（1）产地（来源）与分布：由福建省农业科学院茶叶研究所于 1957—1971 年从福鼎大白茶与云南大叶种自然杂交后代中采用单株育种法育成。福建茶区有较大面积栽培。湖南、浙江、贵州、四川等省有引种。1987 年全国农作物品种审定委员会认定为国家品种，编号 GS13004-1987。

（2）特征：植株高大，树姿较直立，主干显，分枝较密。叶片呈水平状着生，叶长椭圆或椭圆形，叶色黄绿，富光泽，叶面平或微隆起，叶身平，叶缘平，叶尖渐尖，叶齿较钝深密，叶质较厚软。花冠直径 3.3～4.3 cm，花瓣 6 瓣，子房茸毛多，花柱 3 裂。

（3）特性：春季萌发期早，2010 年和 2011 年在福建福安社口观测，一芽二叶初展期分别出现于 3 月 27 日和 4 月 5 日。芽叶生育力强，发芽较密，持嫩性强，芽叶黄绿色，茸毛多；一芽三叶百芽重 95.0 g。2010 年、2011 年在福建福安社口取样春茶一芽二叶含茶多酚 13.6%、氨基酸 4.0%、咖啡碱 4.1%、水浸出物 48.9%。产量高，每亩干茶可达 200～300 kg。适制红茶、绿茶、白茶，品质优。制工夫红茶，条索肥壮，色泽乌润显毫，香高味浓；制烘青绿茶，条索肥壮，色黄绿，白毫多，香高长，味醇厚，是窨制花茶的优质原料；制白茶，芽壮，毫多，香清爽，味醇和。抗寒、旱能力较强。扦插繁殖力强，成活率较高。

（4）适栽地区：江南茶区。

（5）栽培要点：选择土层深厚的园地种植，增加种植密度，适时定剪 3～4 次，促进分枝，提高发芽密度；及时嫩采。

### 6. 梅占

又名大叶梅占。混倍体；无性系，小乔木型，中叶类，中生种。

（1）产地（来源）与分布：原产福建省安溪县芦田镇三洋村，已有 100 多年栽培史。主要分布在福建南部、北部茶区。20 世纪 60 年代后，福建全省和中国台湾、广东省、江西省、浙江省、安徽省、湖南省、湖北省、江苏省、广西等省区有引种栽培。1985 年全国农作物品种审定委员会认定为国家品种，编号 GS13004-1985。

（2）特征：植株较高大，树姿直立，主干较明显，分枝密度中等。叶片呈水平状着生，叶长椭圆形，叶色深绿，富光泽，叶面平，叶缘平，叶身内折，叶尖渐尖，叶齿较锐浅密，叶质厚脆。花冠直径4.1 cm，花瓣5～8瓣，子房茸毛中等，花柱3裂。

（3）特性：春季萌发期中偏迟，2010年和2011年在福建福安社口观测，一芽二叶初展期分别出现于3月20日和4月5日。芽叶生育力强，发芽较密，持嫩性较强，芽叶绿色，茸毛较少，节间长；一芽三叶百芽重103.0 g。2010年、2011年在福建福安社口取样春茶一芽二叶含茶多酚16.5%、氨基酸4.1%、咖啡碱3.9%、水浸出物51.7%。产量高，每亩干茶达200～300 kg。适制乌龙茶、绿茶、红茶。制红茶，香高似兰花香，味厚；制炒青绿茶，香气高锐，滋味浓厚；制乌龙茶，香味独特。抗旱性、抗寒性较强。扦插繁殖力强，成活率高。

（4）适栽地区：江南茶区。

（5）栽培要点：选择土层深厚的园地种植。增加种植密度，适时进行3～4次定剪，促进分枝，提高发芽密度。及时嫩采。

### 7. 黄棪

又名黄金桂、黄旦。二倍体；无性系，小乔木型，中叶类，早生种。

（1）产地（来源）与分布：原产福建省安溪县虎邱镇罗岩美庄，已有100多年栽培史。主要分布在福建南部。福建全省和广东、江西、浙江、江苏、安徽、湖北、四川等省有较大面积引种。1985年全国农作物品种审定委员会认定为国家品种，编号GS13008-1985。

（2）特征：植株中等，树姿较直立，分枝较密。叶片呈稍上斜状着生，叶椭圆形或倒披针形，叶色黄绿，富光泽，叶面微隆起，叶缘平或微波，叶身稍内折，叶尖渐尖，叶齿较锐深密，叶质较薄软。花冠直径2.7～3.2 cm，花瓣5～8瓣，子房茸毛中等，花柱3裂。

（3）特性：春季萌发期早，2010年和2011年在福建福安社口观测，一芽二叶初展期分别出现于3月8日和3月24日。芽叶生育力强，发芽密，持嫩性较强，芽叶黄绿色，茸毛较少；一芽三叶百芽重59.0 g。2010年、2011年在福建福安社口取样春茶一芽二叶含茶多酚16.2%、氨基酸3.5%、咖啡碱3.6%、水浸出物48.0%。产量较高，每亩产乌龙茶150 kg左右。适制乌龙茶、绿茶、红茶。制乌龙茶品质优异，香气馥郁芬芳，俗称“透天香”，滋味醇厚甘爽；制红茶、绿茶，条索紧细，香浓郁，味醇厚，是制特种绿茶和工夫红花的优质原料。抗旱、抗寒性较强。扦插与定植成活率较高。

（4）适栽地区：江南茶区。

（5）栽培要点：注意适时进行定剪，加强水肥管理，增施有机肥，采养结合。要分批留叶采摘，采养结合。

### 8. 毛蟹

又名茗花。混倍体；无性系，灌木型，中叶类，中生种。

（1）产地（来源）与分布：原产福建省安溪县大坪乡福美村，有近百年栽培史。主要分布在福建南部。20 世纪 60 年代后，福建全省和广东、江西、湖南、浙江、湖北、安徽等省有引种。1985 年全国农作物品种审定委员会认定为国家品种，编号 GS13006-1985。

（2）特征：植株中等，树姿半开张，分枝密。叶片呈上斜状着生，叶椭圆形，叶色深绿，有光泽，叶面微隆起，叶缘微波或平，叶身平，叶尖渐尖，叶齿锐深密，叶厚质脆。开花尚多，但基本不结实。花冠直径 4.4 cm，花瓣 6 瓣，子房茸毛多，花柱 3 裂。

（3）特性：春季萌发期中偏迟，2010 年和 2011 年在福建福安社口观测，一芽二叶初展期分别出现于 3 月 21 日和 4 月 6 日。育芽能力强，发芽密而齐，肥壮密披茸毛，节间较短，持嫩性较差；一芽三叶百芽重 68.5 g。产量高，每亩产乌龙茶可达 200 ～ 300 kg。2010 年、2011 年在福建福安社口取样春茶一芽二叶含茶多酚 14.7%、氨基酸 4.2%、咖啡碱 3.2%、水浸出物 48.2%。适制乌龙茶、绿茶、红茶，品质优。制乌龙茶，香清高，味醇和；制红、绿茶，毫色显露，外形美观，香高味厚。成园较快，适应性广，抗旱性强，抗寒性较强。扦插繁殖力强，成活率高。

（4）适栽地区：江南茶区。

（5）栽培要点：应及时采摘，适度留叶。

## 二、福建绿茶常见生产用种

### 1. 福云 10 号

二倍体；无性系，小乔木型，中叶类，早生种。

（1）产地（来源）与分布：由福建省农业科学院茶叶研究所于 1957—1971 年从福鼎大白茶与云南大叶种自然杂交后代中采用单株育种法育成。主要分布在福建茶区。湖南、浙江、贵州、四川等省有引种。1987 年全国农作物品种审定委员会认定为国家品种，编号 GS13005-1987。

（2）特征：植株较高大，树姿半开张，分枝较密。叶片呈稍上斜或水平状着生，叶椭圆形，叶色深绿，富光泽，叶面微隆起，叶身稍内折或平，叶缘平，叶尖骤尖，叶齿稍锐深密，叶柄有紫红色点，叶质较薄软。花冠直径 3.2 ～3.5 cm，花瓣 7 ～8 瓣，子房茸毛多，花柱 3 裂。

（3）特性：春季萌发期早，2010 年和 2011 年在福建福安社口观测，一芽二叶初展期分别出现于 3 月 25 日和 4 月 3 日。芽叶生育力强，发芽密，持嫩性强，芽叶淡绿色，茸毛多；一芽三叶百芽重 95.0 g。2010、2011 年在福建福安社口取样春茶一芽二叶含茶多酚 14.7%、氨基酸 4.3%、咖啡碱 3.1%、水浸出物 46.3%。产量高，每亩干茶达 200 ～300 kg。适制红茶、绿茶、白茶，品质优。制工夫红茶，条索细秀，色乌润，白毫多，香高味浓；制烘青绿茶，条索紧细，色翠绿，白毫多，香高味厚，是窨制花茶的优质原料。抗寒、抗旱能力较强。扦插与定植成活率高。

（4）适栽地区：江南茶区。

（5）栽培要点：选择中低海拔园地种植，避免早春嫩梢遭受晚霜冻害。适当增加种植密度与定剪次数。

### 2. 政和大白茶

简称政大。三倍体；无性系，小乔木型，大叶类，晚生种。

（1）产地（来源）与分布：原产于政和县铁山乡，已有 100 多年栽培史。主要分布于福建北部、东部茶区。20 世纪 60 年代后，广东、浙江、江西、安徽、湖南、四川等省有引种。1985 全国农作物品种审定委员会认定为国家良种，编号 GS13005-1985。

（2）特征：植株高大，树姿直立，主干显，分枝稀。叶片呈水平状着生，椭圆形，叶色深绿，富光泽，叶面隆起，叶身平，叶缘微波，叶尖渐尖，叶齿较锐深密，叶质厚脆。花冠直径 4.3 ～5.2 cm，花瓣 6 ～8 瓣，子房茸毛多，花柱 3 裂。

（3）特性：春季萌发期迟，2010 年和 2011 年在福建福安社口观测，一芽二叶初展期分别出现于 4 月 8 日和 4 月 17 日。芽叶生育力较强，芽叶密度较稀，持嫩性强，芽叶黄绿带微紫色，茸毛特多；一芽三叶百芽重 123.0 g。2010、2011 年在福建福安社口取样春茶一芽二叶含茶多酚 13.5%、氨基酸 5.9%、咖啡碱 3.3%、水浸出物 46.8%。产量较高，每亩干茶达 150 kg。适制红茶、绿茶、白茶，品质优。制工夫红茶，条索肥壮重实，色泽乌润，毫多，香高似罗兰香，味浓醇，汤色红艳，金圈厚，是制政和工夫之优质原料；制烘青绿茶，条索壮实，色翠绿，白毫多，香清高，味浓厚，是窨制花茶的优质原料；制白茶，外形肥壮，白毫密披，色白如银，香清鲜，味甘醇，是白毫银针、福建雪芽、白牡丹的优质原料。抗寒、旱能力较强，适应性较强。扦插与定植成活率高。

（4）适栽地区：江南茶区。

（5）栽培要点：缩小种植行距，增加种植株数，压低定剪高度，增加定剪次数，促进分枝。采摘茶园增施有机肥，及时分批留叶采摘，适度嫩采。

### 3. 霞浦春波绿

二倍体；无性系，灌木型，中叶类，特早生种。

（1）产地（来源）与分布：由福建省霞浦县茶业局从霞浦县溪南镇芹头茶场福鼎大白茶有性后代中采用单株育种法育成。1990 年以来，福建省东部、中部，浙江省东部茶区有引种。2010 年全国茶树品种鉴定委员会鉴定为国家品种，编号国品鉴茶 2010001。

（2）特征：植株较高大，树姿半开张，分枝密。叶片呈水平状着生，叶椭圆形，叶色深绿，富光泽，叶面平，叶身平，叶缘平，叶尖渐尖，叶齿较锐浅密，叶质较厚软。花冠直径 3.4 cm，花瓣 6 瓣，子房茸毛多，花柱 3 裂。

（3）特性：春季萌发期特早，2010 年和 2011 年在福建福安社口观测，一芽二叶初展期分别出现于 3 月 7 日和 3 月 15 日。芽叶生育力强，发芽密，持嫩性强，芽叶淡绿色，茸毛较多，节间短；一芽三叶百芽重 54.4 g。2010 年、2011 年在福建福安社口取样春茶一芽二叶含茶多酚 17.2%、氨基酸 4.0%、咖啡碱 3.1%、水浸出物 42.7%。产量高，每亩干茶达 200 kg。适制绿茶、红茶。制绿茶，色泽绿，条索紧实，毫锋显，香气高爽，味醇厚鲜爽；制工夫红茶，香高味醇。抗旱性与抗寒性强。扦插繁殖力强，成活率高。

（4）适栽地区：福建、浙江、四川、湖南等省及相似茶区。

（5）栽培要点：选择土层深厚的园地种植；加强茶园肥水管理，适时进行 3 次定剪；要分批留叶采摘，采养结合。

### 4. 早逢春

二倍体；无性系，小乔木型，中叶类，特早生种。

（1）产地（来源）与分布：由福建省福鼎市茶业管理局于 1966—1984 年从福鼎市桐城镇柯岭村群体中采用单株育种法育成。主要分布在福建东部茶区。福建省北部、浙江省南部等有引种。1985 年福建省农作物品种审定委员会审定为省级品种，编号闽审茶 1985002。

（2）特征：植株较高大，树姿半开张，主干较明显，分枝较密。叶片呈水平状着生，椭圆形，叶色绿，富光泽，叶面微隆起，叶身平或稍内折，叶缘平或微波，叶尖钝尖，叶齿较锐深密，叶质较厚软。花冠直径 3.4 cm，花瓣 7 瓣，子房茸毛中等，花柱

3裂。

（3）特性：春季萌发期特早，2010年和2011年在福建福安社口观测，一芽二叶初展期分别出现于3月7日和3月16日。芽叶生育力强，发芽较密，持嫩性强，黄绿色，茸毛尚多；一芽三叶百芽重48.0 g。2010年、2011年在福建福安社口取样春茶一芽二叶含茶多酚14.7%、氨基酸4.6%、咖啡碱2.9%、水浸出物46.2%。产量较高，每亩干茶达150 kg以上。制绿茶，色泽翠绿，白毫显，香气清高鲜爽，味醇和回甘，是制花茶和制特种绿茶的优质原料。抗旱性与抗寒性较强。扦插繁殖力强，成活率高。

（4）适栽地区：福建绿茶茶区。

（5）栽培要点：选择中低海拔园地种植，避免早春嫩梢遭受晚霜危害。

5. 福云595

二倍体；无性系，小乔木型，大叶类，早生种。

（1）产地（来源）与分布：由福建省农业科学院茶叶研究所于1959—1987年从福鼎大白茶与云南大叶茶自然杂交后代中经单株育种法育成。1988年福建省农作物品种审定委会员审定为省级品种，编号闽审茶1988001。

（2）特征：植株较高大，树姿较直立，分枝较稀。叶片呈上斜状着生，椭圆形，叶色绿，富光泽，叶面隆起，叶身平，叶缘平，叶尖钝尖，叶齿稍钝浅稀，叶质较厚脆。花冠直径3.1～3.6 cm，花瓣7瓣，子房茸毛多，花柱3裂。

（3）特性：春季萌发期早，2010年和2011年在福建福安社口观测，一芽二叶初展期分别出现于3月23日和4月1日。芽叶生育力较强，持嫩性强，芽叶淡绿色，茸毛特多，节间长；一芽三叶百芽重111.0 g。2010年、2011年在福建福安社口取样春茶一芽二叶含茶多酚12.5%、氨基酸4.7%、咖啡碱4.7%、水浸出物47.3%。产量较高，每亩干茶达150 kg以上。适制红茶、绿茶、白茶，品质优。制烘青绿茶，银毫密披，香气高爽，毫香显，滋味浓鲜，是窨制花茶的优质原料；制工夫红茶，毫显色润，香高浓，味醇厚；制白茶，芽肥壮，白毫多，色银白，香鲜味醇，是制白毫银针、福建雪芽、白牡丹的原料。抗寒、抗旱能力尚强。扦插与定植成活率高。

（4）适栽地区：福建中低海拔茶区。

（5）栽培要点：选择土层深厚的园地，采用1.5 m大行距、40 cm小行距、33 cm株距双行双株种植，加强茶园肥水管理，适时进行3次定剪。要分批留叶采摘，采养结合。

6. 九龙大白茶

二倍体；无性系，小乔木型，大叶类，早生种。

（1）产地（来源）与分布：原产福建省松溪县郑墩镇双源村。相传有100多年的历史，1981年以来，松溪县茶业管理总站进行观察鉴定与繁育推广。福建省及浙江省东部有引种栽培。1998年福建省农作物品种审定委员会审定为省级品种，编号闽审茶1998001。

（2）特征：植株较高大，树姿半开张，主干较明显。叶片呈稍上斜状着生，椭圆形，叶色深绿，富光泽，叶面微隆起，叶身平，叶缘平或微波，叶尖渐尖，叶齿较锐深密，叶质较厚脆。花冠直径3.7 cm，花瓣7瓣，子房茸毛中等，花柱3裂。

（3）特性：春季萌发期早，2010年和2011年在福建福安社口观测，一芽二叶初展期分别出现于3月24日和4月2日。芽叶生育力强，发芽较密，持嫩性强，芽叶黄绿色，茸毛多；一芽三叶百芽重109.0 g。2010年、2011年在福建福安社口取样春茶一芽二叶含茶多酚13.0%、氨基酸4.1%、咖啡碱3.6%、水浸出物44.1%。产量高，每亩干茶达200 kg以上。适制绿茶、红茶、白茶，品质优。制烘青绿茶，色泽翠绿，白毫多，香高鲜爽，味醇回甘；制工夫红茶，色泽乌润显毫，香高味醇，汤色红浓；制白茶，芽壮色白，香鲜味醇，是制白毫银针、白牡丹的优质原料。抗旱性与抗寒性强。扦插繁殖力强，成活率高。

（4）适栽地区：福建茶区。

（5）栽培要点：幼年期分枝较少，适当增加种植密度，及时定剪3～4次，促进分枝；适时分批嫩采。

### 7. 霞浦元宵茶

二倍体；无性系，灌木型，中叶类，特早生种。

（1）产地（来源）与分布：由福建省霞浦县茶业管理局于1981—1998年从霞浦县崇儒乡后溪岭村“春分茶”群体中经单株选育而成。福建省和浙江省东部有栽培。1999年福建省农作物品种审定委员会审定为省级品种，编号闽审茶99003。

（2）特征：植株中等，树姿半开张，分枝尚密。叶片呈水平状着生，长椭圆形，叶色绿，有光泽，叶面微隆起，叶身平，叶缘微波，叶尖渐尖，叶齿较钝浅密，叶质尚厚软。花冠直径3.7 cm，花瓣7瓣，子房茸毛中等，花柱3裂。

（3）特性：春季萌发期特早，2010年和2011年在福建福安社口观测，一芽二叶初展期分别出现于3月2日和3月11日。芽叶生育力较强，发芽较密，持嫩性强，芽叶黄绿色，茸毛尚多；一芽三叶百芽重41.0 g。2010年、2011年在福建福安社口取样春茶一芽二叶含茶多酚16.5%、氨基酸4.5%、咖啡碱3.5%、水浸出物47.3%。产量中等，每亩干茶达130 kg。适制绿茶、红茶。制绿茶，品质优良，色泽绿，香气高爽似板栗香，滋味醇厚，回甘鲜爽，是制名优绿茶和窨制花茶的优质原料；制工夫红茶，条索紧细，色乌润，香高味醇。抗旱性和抗寒性强。扦插繁殖力强，成活率高。

(4) 适栽地区：福建中低海拔茶区。

(5) 栽培要点：培育壮苗，选择向阳、土层深厚的坡地，采用双行双株，每亩栽5 000株。及时采摘，嫩采为主。注意早春晚霜冻害。

### 8. 早春毫

二倍体；无性系，小乔木型，大叶类，特早生种。

(1) 产地（来源）与分布：由福建省农业科学院茶叶研究所于1983—2002年从迎春的自然杂交后代中采用单株育种法育成。2003年通过省级品种审定，编号闽审茶2003001。

(2) 特征：植株较高大，树姿直立，主干显。叶片呈稍上斜状着生，椭圆形，叶色深绿或绿，叶面微隆或平，富光泽，叶身平或稍内折，叶缘平，叶尖渐尖，叶齿较锐深稀，叶质较厚脆。花冠直径3.9 cm，花瓣6～7瓣，子房茸毛少，花柱3裂。

(3) 特性：春季萌发期特早，2010年和2011年在福建福安社口观测，一芽二叶初展期分别出现于3月7日和3月15日。芽叶生育力强，发芽密，持嫩性强，肥壮，淡绿色，茸毛较多；一芽三叶百芽重51.9 g。2010年、2011年在福建福安社口取样春茶一芽二叶含茶多酚9.8%、氨基酸6.0%、咖啡碱3.4%、水浸出物48.1%。产量高，每亩干茶可达200 kg以上。适制绿茶、红茶、乌龙茶。制绿茶外形色绿芽壮毫显，香气高长，“栗香”显，滋味浓厚甘爽；制乌龙茶，条索紧结重实，色泽乌褐绿润，香气馥郁鲜爽，滋味醇厚甘甜；制红茶，色乌润，香高，味厚。抗寒、抗旱性与适应性较强。种植成活率高，扦插繁殖力较强。

(4) 适栽地区：中低海拔的闽、粤、桂等红茶、绿茶区。

(5) 栽培要点：选择土壤通透性良好的苗地扦插育苗。宜用坡地建园种植。缩小行距，每亩栽4 000～5 000株。幼年定期修剪4次，成年期修剪宜在春茶结束后进行。及时分批采摘，嫩采为主。早春防止晚霜冻害。

### 9. 福云20号

二倍体；无性系，小乔木型，大叶类，中生种。

(1) 产地（来源）与分布：由福建省农业科学院茶叶研究所于1957—2005年从福鼎大白茶（♀）与云南大叶种（♂）自然杂交后代中经单株育种法育成。2005年福建省农作物品种审定委员会审定为省级品种，编号闽审茶2005001。

（2）特征：植株高大，树姿半开张，主干明显。叶片呈水平状着生，椭圆形，叶色黄绿，富光泽，叶面微隆起，叶身平，叶缘平，叶尖渐尖，叶齿较钝浅密，叶质厚软。花冠直径4.4 cm，花瓣7瓣，子房茸毛多，花柱3裂。

（3）特性：春季萌发期中等，2010年和2011年在福建福安社口观测，一芽二叶初展期分别出现于3月31日和4月9日。一芽三叶盛期在4月中旬。芽叶生育力、持嫩性强，芽肥壮，黄绿色，茸毛多；一芽三叶百芽重96.5 g。2010年、2011年在福建福安社口取样春茶一芽二叶含茶多酚18.8%、氨基酸3.9%、咖啡碱3.4%、水浸出物50.6%。产量高，每亩干茶达200 kg。适制绿茶、红茶、白茶，品质优。制烘青绿茶，条索肥壮，白毫密披，香气高，滋味浓；制白毫银针、福建雪芽等白茶，芽身长且壮，毫多，色银白，香清鲜，味鲜醇。抗寒、旱能力较强。扦插繁殖能力强，成活率高。

（4）适栽地区：福建中低海拔茶区。

（5）栽培要点：中低海拔茶园种植，避免早春嫩梢受晚霜冻害。适当增加种植密度与定剪次数。

### 10. 歌乐茶

二倍体；无性系，小乔木型，大叶类，早生种。

（1）产地（来源）与分布：原产福建省福鼎市点头镇柏柳村，已有100多年历史。主要分布在福建省东部茶区。福建省北部、浙江省南部、安徽省南部等茶区有引种。福鼎市茶业局从福鼎大白茶有性群体中单株选育而成，2011年通过福建省农作物品种审定委员会审定，编号闽审茶2011001。

（2）特征：植株较高大，树姿半开展，主干较明显。叶片呈水平状着生，椭圆形，叶色深绿，具光泽，叶面隆起，叶身平或稍内折，叶缘微波，叶尖钝尖，叶齿较锐浅密，叶质较厚脆。花冠直径3.3～4.4 cm，花瓣6～7瓣，子房茸毛中等，花柱3裂，只开花不结实。

（3）特性：春季萌发期早，在福建福鼎观测，一芽一叶期在3月22—25日，比福大迟2～3 d，一芽二叶期在3月27—29日，比福大迟2～3 d。芽叶生育力强，发芽整齐，持嫩性强，浅绿色，茸毛较多；一芽三叶百芽重80.0 g。2010、2011年在福建福安社口取样春茶一芽二叶含茶多酚17.1%、氨基酸5.0%、咖啡碱3.5%、水浸出物51.0%。产量高，每亩干茶达200～300 kg以上。适制绿茶、红茶、白茶，品质优。制烘青绿茶，色泽翠绿，白毫显露，香气清高鲜爽，滋味浓厚回甘，是制窨制花茶的优质原料；制工夫红茶，条索紧细，色乌润，白毫显，香高味醇；制白牡丹，毫显且多，香气鲜爽、毫香显，滋味清鲜、醇爽。抗旱性和抗寒性强。扦插繁殖力强，成活率高。

（4）适栽地区：福建茶区。

（5）栽培要点：宜选择土壤湿度较高，土层深厚肥沃的地块种植。

#### 11. 榕春早

二倍体；无性系，小乔木型，中叶类，早生品种。

（1）产地（来源）与分布：由福州市经济作物技术站、福建农林大学园艺学院、罗源县茶叶技术指导站从福建省罗源县中房镇沙坂村篱笆式菜茶有性群体种中筛选育成。2012 年通过福建省农作物品种审定委员会审定，编号闽审茶 2012001。

（2）特征：植株较高大，主干明显，树姿较直立，分枝部位较高。育芽能力强，叶面内折，茸毛较少，嫩芽叶黄绿尚肥壮，持嫩性较强。

（3）特性：春季萌发早，福州罗源观察一芽一叶期在 2 月下旬至 3 月上旬，比对照福鼎大白茶早 20 ～25 d。育芽能力较，发芽密度密，一芽一叶百芽重 150 g。经农业部茶叶化学工程重点开放实验室检测，鲜叶 1 芽 1 叶、2 叶水浸出物含量 45. 5%、茶多酚含量 35. 63%、游离氨基酸含量 4. 53%。产量较高，每亩干茶可产 200 kg。适制绿茶、红茶，品质较优。经福建省茶叶质量监督检验站感官审评，制扁型绿茶外形扁平尚光滑、匀整，色泽嫩绿微黄，香气嫩香、稍显栗香，滋味浓醇鲜爽、回甘，汤色嫩绿、明亮，叶底尚嫩绿亮、匀整，芽叶成朵；制红茶外形条索紧细稍曲、匀整，色泽乌尚润，香气甜香浓爽，滋味浓较强、鲜爽，汤色红亮，叶底红匀明亮。抗寒性、抗旱性和抗病虫性与对照福鼎大白茶相当。扦插繁殖力强，成活率高。

（4）适栽地区：福建省绿茶和红茶区。

（5）栽培要点：幼龄茶树 3 次定剪，剪位要低，促进分枝，加速树冠形成；育芽能力强，适宜立体采摘，亩（1 亩≈667 $m^2$。全书同）植 3 000 株左右；提倡早采嫩采。注意防治炭疽病、“红蜘蛛”等病虫害。

## 三、外省引进绿茶品种

#### 1. 龙井 43

无性系，灌木型，中叶类，特早生种。

（1）产地（来源）与分布：由中国农业科学院茶叶研究所于 1960—1987 年从龙井群体中采用单株系统选种法育成。1987 年全国农作物品种审定委员会认定为国家品种，编号 GS13007-1987。

（2）特征：植株中等，树姿半开展，分枝密。叶片上斜状着生，叶椭圆形，叶色深绿，叶面平，叶身平稍有内折，叶缘微波，叶尖渐尖，叶齿密浅，叶质中等。花冠直径 3. 1 cm，花瓣 6 瓣，子房茸毛中等，花柱 3 裂，结实性较强。

（3）特性：杭州地区一芽二叶期在 3 月中旬至下旬。芽叶生育力强，发芽整齐，耐采摘，持嫩性较差，芽叶纤细，绿稍黄色，春梢基部有一点淡红，茸毛少，一芽三叶百芽重 31. 6g。春茶一芽二叶干样约含氨基酸 2. 8%、茶多酚 17. 0%、咖啡碱 3. 1%。产量高，每亩干茶可达 190 ～230 kg。适制绿茶，品质优良。外形色泽嫩绿、香气清高，滋味甘醇爽口，叶底嫩黄成朵。尤其适制扁形绿茶，如龙井等。抗寒性强，抗高温和炭疽病较弱。扦插繁殖力强，移栽成活率高。

（4）适栽地区：长江南北绿茶茶区。

（5）栽培要点：适宜单条或双条栽茶园规格种植，选择土层深厚、有机质丰富的土壤栽培。需分批及时嫩采，春梢需预防倒春寒为害。连续采摘数年后，蓬面需修剪整枝。春季及时防治炭疽病，夏季防止高温灼伤。注意茶丽纹象甲、云纹叶枯病、炭疽病的防治。

### 2. 龙井长叶

无性系，灌木型，中叶类，早生种。

（1）产地（来源）与分布：由中国农业科学院茶叶研究所于 1960—1987 年从龙井群体种中采用单株育种法育成。1994 年全国农作物品种审定委员会认定为国家品种，编号 GS13008-1994。

（2）特征：植株中等，树姿较直立，分枝较密。叶片水平状着生，叶长椭圆形，叶色绿，叶面微隆起，叶身平，叶缘波，叶尖渐钝尖，叶齿较细密，叶质中等。花冠直径 3. 0 ～3. 3 cm，花瓣 6 ～8 瓣，子房茸毛中等，花柱 3 裂。

（3）特性：杭州地区一芽二叶期在 4 月上旬至中旬。芽叶生育力强，持嫩性强，芽叶淡绿色，茸毛中等，一芽三叶百芽重 71. 5 g。在福安取样，春茶一芽二叶干样约含水浸出物 49. 9%、氨基酸 4. 27 %、茶多酚 19. 96%、咖啡碱 3. 43%。产量高，每亩干茶可达 200 kg。适制绿茶。抗寒、抗旱性均强，适应性强，扦插繁殖能力强，移栽成活率高。

（4）适栽地区：长江南北绿茶茶区。

（5）栽培要点：适宜双行双株茶园规格种植，注意选择选择土层深厚、有机质丰富的地块栽种。按时进行定型修剪和摘顶养蓬。及时防治小绿叶蝉。

### 3. 乌牛早

又名嘉茗1号。无性系，灌木型，中叶类，特早生种。

（1）产地（来源）与分布：原产浙江省永嘉县罗溪乡，系茶农单株选育而成。1988年浙江省茶树良种审定小组认定为省级品种。

（2）特征：植株中等，树姿半开展，分枝较稀。叶片水平状着生，椭圆或卵圆形，叶色绿，有光泽，叶面微隆起，叶身稍内折，叶缘微波，叶尖钝尖，叶齿浅中，叶质软。花冠直径3.2～3.3 cm，花瓣6瓣，子房茸毛中等，花柱3裂。

（3）特性：杭州地区一芽二叶期在3月下旬至4月上旬。芽叶生育力强，持嫩性强，芽叶绿色，茸毛中等，一芽三叶百芽重55.0 g。春茶一芽二叶干样约含水浸出物48.4%、氨基酸5.6%、茶多酚17.6%、咖啡碱3.0%。产量较高，每亩干茶可达150 kg。适制绿茶。适应性强，扦插成活率高。

（4）适栽地区：浙江茶区。

（5）栽培要点：适宜双条栽规格种植，注意选择土层深厚、有机质丰富的地块栽种。按时进行定型修剪和摘顶养蓬。春季注意预防倒春寒或晚霜危害。茶园秋季管理宜提早进行，早施秋、冬季有机肥和催芽肥。

### 4. 安吉白茶

又名大溪白茶。无性系，灌木型，中叶类，中生种，二倍体。

（1）产地（来源）与分布：原产浙江省安吉县山河乡大溪村。1998年浙江省审定为省级品种。

（2）特征：植株较矮小，树姿半开展，发芽密度中等。叶片上斜·稍水平状着生，叶长椭圆形，叶色浅绿，叶身稍内折，叶缘平，叶尖渐尖，叶齿浅，叶质较薄软。春茶低温型白色系、阶段性白化变异品种，春茶幼嫩芽叶呈玉白色，叶脉淡绿色，随着叶片成熟和气温升高逐渐转为浅绿色，夏、秋茶芽叶均为绿色，芽叶茸毛中等。花冠直径3.4 cm，花瓣4～6瓣，子房茸毛中等，花柱3裂。

（3）特性：芽叶生育力中等，持嫩性强。一芽一叶盛期在4月上旬，一芽二叶百芽重16.3 g。在福安取样，春茶一芽二叶干样约含水浸出物51.0%、氨基酸5.34%、茶多酚19.49%、咖啡碱3.02%。产量较低，每亩约产干茶15 kg。适制绿茶，成茶色泽翠绿、香气优异、滋味鲜甘超鲜，叶底玉白色；鲜叶白化程度越高，成茶的感官品质个性越明显。抗寒性强，抗高温较弱。扦插繁殖力强。

（4）适栽地区：浙江茶区。

（5）栽培要点：移栽成活率低，种植初期应进行遮荫、及时灌溉。高温季节适当遮阳，以防芽叶灼伤。提倡多施有机肥，茶园成龄前适施速效氮。要及时开采，最低采摘标准为 1 芽 2 叶初展。

### 5. 迎霜

无性系，小乔木型，中叶类，早生种。

（1）产地（来源）与分布：由杭州市农业科学研究院茶叶研究所（原杭州市茶叶科学研究所）于 1956—1979 年从福鼎大白茶和云南大叶种自然杂交后代中采用单株选育法育成。全国大部分产茶区有引种，浙江、江苏、安徽、江西、河南、湖北、广西、湖南等省区有较大面积栽培。1987 年全国农作物品种审定委员会认定为国家品种，编号 GS13011-1987。

（2）特征：植株较高大，树姿直立，分枝密度中等。叶片上斜状着生，叶椭圆形，叶色黄绿，叶面微隆起，叶身稍内折，叶缘波状，叶尖渐尖，叶齿浅密，叶质柔软。花冠直径 2. 6 ～3. 2 cm，花瓣 6 ～7 瓣，子房茸毛中等，花柱 3 裂。

（3）特性：杭州地区一芽二叶期在 3 月中旬至下旬。芽叶生育力强，持嫩性强，生长期长，可采至 10 月上旬。芽叶黄绿色，茸毛中等，一芽三叶百芽重 45. 0 g。春茶一芽二叶干样约含氨基酸 5. 4 % 、茶多酚 18. 1% 、咖啡碱 3. 4% 。产量高，每亩干茶可达 280 kg。适制红茶、绿茶。制绿茶，条索细紧，色嫩绿尚润，香高鲜持久，味浓鲜；制工夫红茶，条索细紧，色乌润，香高味浓鲜；制红碎茶，品质亦优。抗寒性尚强。扦插繁殖力强。

（4）适栽地区：江南绿茶、红茶茶区。

（5）栽培要点：可采用双条栽茶园规格种植，适时定型修剪，摘顶养蓬。在高山茶区宜选择向阳地块种植，并在秋、冬季增施有机肥，提高抗寒力。及时防治螨类、芽枯病。

### 6. 黄金芽

无性系，灌木型，中叶类，中生种。

（1）产地（来源）与分布：由浙江省余姚市三七市镇德氏家茶场、宁波市林特科技推广中心、宁波望海茶业发展有限公司、余姚市林特科技推广总站、浙江大学茶叶研究所于 1998 年于当地品种茶树群体的自然变异枝条，通过扦插繁殖，经多代提纯而成的温度、光照敏感型新梢白化变异体。2008 年浙江省林木品种审定委员会认定为省级品种，编号浙 R－SV－CS－010－2008。

（2）特征：植株中等，树姿半开展，分枝密度中等而伸展能力较强。叶片上斜状着生，披针形，叶色浅绿或黄白，光泽少，叶面平，叶身平或稍内折，叶缘平或波，叶尖渐尖，叶齿浅密，黄化叶前期质地较薄软、后叶缘明显增厚。开花量大、花冠直径3.5～4.0 cm，萼片5枚少毛，花瓣4～5瓣，子房茸毛中等，花柱3裂。

（3）特性：在5 000℃年活动积温区域，一芽二叶初展期在3月下旬至4月初。芽体较小，茸毛多，黄白色。黄金芽属光照敏感性新梢白化型茶树，三季新梢萌芽即白化并可持续三个轮次，茶园全年保持黄色。一芽二叶初展百芽重12.9 g。春茶一芽二叶干样约含水浸出物48.4%、氨基酸4.0%、茶多酚23.4%、咖啡碱2.6%。产量较高，每亩可达鲜叶86 kg。适制名优绿茶，具有“三黄”标志，即干茶亮黄、汤色嫩黄、叶底明黄；香气浓郁有瓜果韵，持久悠长，为名优绿茶罕有；滋味以醇、糯、鲜为主。以一芽一叶初展为原料采制的卷曲形茶，外形纤秀、浅黄色，香气高鲜，滋味鲜甜。以一芽二叶初展采制的成品，外形浅黄色带绿，香气高而鲜灵，滋味鲜醇。白化程度高的黄金芽抗寒冻、抗旱性、抗灼伤能力相对较弱，其中幼龄茶园因白化显著，更容易产生生理障碍，但返绿程度好的茶园依然有良好的抗逆能力。

（4）适栽地区：浙江省内年活动积温大于4 200℃以上区域水源供给良好、生态优越的山地中性、酸性土壤。

（5）栽培要点：有条件地段提倡经济树种套种，遮光率控制在30%以下。不进行采茶的季节尽量采用保持低白化度的栽培方式；夏秋季持续半个月以上高温干旱时就加强水分供给，降低白化程度；最后一轮新梢萌发期后不提倡采穗。

### 7. 千年雪

无性系，灌木型，中叶类，中生种。

（1）产地（来源）与分布：由浙江省余姚市三七市镇德氏家茶场、宁波市林特科技推广中心、余姚市林特科技推广总站、浙江大学茶叶研究所于1998年从当地农家品种有性繁殖后代经单株选育而成。2008年浙江省林木品种审定委员会认定为省级品种，编号浙R－SV－CS－011－2008。

（2）特征：植株高大，树姿半直立，分枝密而伸展能力较强。叶片上斜状着生，椭圆形，叶色绿、少光泽，叶面微隆，叶身平，叶缘平或背卷，叶尖圆尖，叶齿锐密深，叶质较软。开花量大，花冠直径3.5～4.5 cm，萼片5枚少毛，花瓣7～10瓣，花柱3裂。

（3）特性：千年雪属于低温敏感型新梢白化型茶树。5 000℃年活动积温区域一芽二叶初展期在4月上旬。芽叶生育力较强，芽体中等偏短粗，茸毛少，日最高气温低于

25℃时，春茶新芽萌展初期粗壮、乳白色，萌展后渐成绿茎、叶片雪白，随着萌展白化程度加强。后随着温度升高，叶背出现复绿，而叶面仍保持白色，在6—7月间完全返绿。一芽二叶初展百芽重16.0 g。春茶一芽二叶干样约含水浸出物49.4%、氨基酸5.0%、茶多酚22.5%、咖啡碱2.6%。产量较低，每亩可达鲜叶65.7 kg。适制绿茶，白化1芽1叶初展为原料采制的扁形茶外形挺直壮实、色泽绿带嫩黄、叶底明亮、香气高鲜，滋味鲜甜；白化1芽2叶初展采制的宁波白茶外形色泽浅黄，香高鲜灵、滋味鲜醇；以返绿期采制的卷曲茶色泽绿，香气高而持久，滋味醇鲜。抗寒、抗旱性均较强。

（4）适栽地区：浙江省内年活动积温小于5 000℃以下区域水源供给良好、生态优越的山地中性、酸性土壤。适用彩叶、常绿绿化灌木。

（5）栽培要点：每亩栽5 500～6 000株；分枝节间短，建议育苗时改一叶插为二叶插。

8. 保靖黄金茶1号

无性系，灌木型，中叶类，特早生种。

（1）产地（来源）与分布：黄金茶是一个古老珍稀的地方茶树种质资源，原产于湖南省武陵山区的保靖县。保靖黄金茶1号茶树品种是湖南省农业科学院茶叶研究所、湖南省保靖县农业局从保靖黄金茶群体种中采用单株育种法育成。湖南省保靖县有较大面积种植，长沙县、古丈县、沅陵县、石门县等引种。2010年湖南省农作物品种审定委员会认定为省级品种，编号XPD005-2010。

（2）特征：树姿半开展。叶片半上斜状着生，长椭圆形。

（3）特性：原产地一芽三叶期在3月中旬至3月下旬。芽叶生育力强，黄绿色，茸毛中等，持嫩性强。发芽密度大，整齐，为芽数型品种，一芽二叶百芽重32.4 g。春茶一芽二叶干样约含水浸出物45.5%，氨基酸5.8%、茶多酚14.6%、咖啡碱3.7%。4～6龄茶树鲜叶每亩产量208 kg。适制绿茶、红茶，品质优良。制绿茶，色泽翠绿，汤色黄绿明亮，香气高长，回味鲜醇 。制红茶，乌黑油润显金毫，滋味醇和甘爽，香气高长。

（4）适栽地区：湖南绿茶区、红茶区。

（5）栽培要点：宜选择土壤湿度较高，土层深厚肥沃的地块种植。宜采用单行双株1.40 m×0.40 m或双行双株1.50 m×0.40 m×0.40 m种植。按常规茶园栽培管理。

# 第二节　乌龙茶品种

## 一、福建“五新”茶树品种

福建省人民政府为加快农业科技成果的推广应用，提高现代农业发展水平，推动海峡西岸社会主义新农村建设，提出加强本省农业“五新”工程发展战略，自2006年开始实施。农业“五新”即在农业生产过程中推广应用新品种、新技术、新肥料、新农药、新机具。加强农业“五新”工程将有助于促进农业创新，发展优质、高产、高效农业，推动农业循环生态、节能降耗、安全增收，加强农产品的市场竞争力。新品种重点推广通过国家、省级审定（认定或鉴定），适应本地主导产业发展需要的高产优质、市场前景好、优于目前普及品种主要指标或具有特色的新品种，促进农业品种结构调整，提高农产品产量、品质和市场竞争力。

### 1. 茗科1号

又名金观音。二倍体；无性系，灌木型，中叶类，早生种。

（1）产地（来源）与分布：由福建省农业科学院茶叶研究所于1978—1999年以铁观音为母本，黄棪为父本，采用杂交育种法育成。福建乌龙茶茶区，广东、湖南、四川、浙江、贵州、重庆等省市有较大面积引种。2002年全国农作物品种审定委员会审定为国家品种，编号国审茶2002017。

（2）特征：植株较高大，树姿半开展，分枝较密。叶片呈水平状着生，叶椭圆形，叶色深绿，有光泽，叶面隆起，叶缘稍波浪状，叶身平，叶尖渐尖，叶齿较钝浅稀，叶质厚脆。花冠直径3.6 cm，花瓣7瓣，子房茸毛中等，花柱3裂。

（3）特性：春季萌发期早，2010年和2011年在福建福安社口观测，一芽二叶初展期分别出现于3月10日和3月26日。芽叶生育力强，发芽密且整齐，持嫩性较强，芽叶紫红色，茸毛少；一芽三叶百芽重50.0 g。2010、2011年在福建福安社口取样春茶一芽二叶含茶多酚19.0%、氨基酸4.4%、咖啡碱3.8%、水浸出物45.6%。产量高，每亩产乌龙茶200 kg以上。适制乌龙茶、绿茶。制乌龙茶，香气馥郁幽长，滋味醇厚回甘，制优率高。抗性与适应性强。扦插繁殖力强，成活率高。

（4）适栽地区：我国乌龙茶区，在省内外绿茶、乌龙茶区也广泛应用。

（5）栽培技术要点：幼年期生长较慢，宜选择纯种健壮母树剪穗扦插，培育壮苗选择土层深厚，土壤肥沃的黏质红黄壤园地种植，增加种植密度。

2. 金牡丹

二倍体；无性系，灌木型，中叶类，早生种。

（1）产地（来源）与分布：由福建省农业科学院茶叶研究所1978—2002年以铁观音为母本，黄棪为父本，采用杂交育种法育成。1990年以来，在福建省北部、南部乌龙茶茶区示范种植。为“九五”国家科技攻关一级优异种质。2010年全国茶树品种鉴定委员会鉴定为国家品种，编号国品鉴茶2010024。

（2）特征：植株中等，树姿较直立。叶片呈水平状着生，叶椭圆形，叶色绿，具光泽，叶面隆起，叶身平，叶缘微波，叶尖钝尖，叶齿较锐浅密，叶质较厚脆。花冠直径3.4 cm，花瓣8瓣，子房茸毛中等，花柱3裂。

（3）特性：春季萌发期较早，2010年和2011年在福建福安社口观测，一芽二叶初展期分别出现于3月14日和3月30日。芽叶生育力强，持嫩性强，芽叶紫绿色，茸毛少；一芽三叶百梢重70.9 g。2010年、2011年在福建福安社口取样春茶一芽二叶含茶多酚18.6%、氨基酸5.1%、咖啡碱3.6%、水浸出物49.6%。产量较高，每亩产乌龙茶达150 kg以上。适制乌龙茶、绿茶、红茶，品质优异，制优率高。制乌龙茶香气馥郁芬芳，滋味醇厚甘爽；制红、绿茶，花香显，味醇厚。抗性与适应性强，扦插繁殖力强，种植成活率高。

（4）适栽地区：福建、广东、广西、湖南及相似茶区。

（5）栽培要点：宜选择纯种健壮母树剪穗扦插，培育壮苗选择土层深厚，土壤肥沃的黏质红黄壤园地种植，增加种植密度。

3. 黄观音

又名茗科2号。二倍体；无性系，小乔木型，中叶类，早生种。

（1）产地（来源）与分布：由福建省农业科学院茶叶研究所于1977—1997年以铁观音为母本，黄棪为父本，采用杂交育种法育成。在福建省、广东省、云南省、海南省、广西壮族自治区南部、湖南省南部、江西省南部等茶区有种植。2002年全国农作物品种审定委员会审定为国家品种，编号国审茶2002015。

（2）特征：植株较高大，树姿半开张，分枝较密。叶片上斜状着生，叶椭圆形或长椭圆形，叶色黄绿，有光泽，叶面隆起，叶缘平，叶身平，叶尖钝尖，叶齿较钝浅稀，叶质尚厚脆。花冠直径3.9 cm，花瓣6瓣，子房茸毛中等，花柱3裂。

（3）特性：春季萌发期早，2010 年和 2011 年在福建福安社口观测，一芽二叶初展期分别出现于 3 月 11 日和 3 月 27 日。芽叶生育力强，发芽密，持嫩性较强，新梢黄绿带微紫色，茸毛少；一芽三叶百芽重 58.0 g。2010 年、2011 年在福建福安社口取样春茶一芽二叶含茶多酚 19.4%、氨基酸 4.8%、咖啡碱 3.4%、水浸出物 48.4%。产量高，每亩产乌龙茶达 200 kg 以上。适制乌龙茶、红茶、绿茶。制乌龙茶，香气馥郁芬芳，滋味醇厚甘爽，制优率高；制绿茶、红茶，香高爽，味醇厚。抗寒、抗旱性强。扦插繁殖力特强，种植成活率高。

（4）适栽地区：我国乌龙茶区和江南红茶、绿茶区。

（5）栽培要点：选择土层深厚的园地采用 1.50 m 大行距、40 cm 小行距、33 cm 丛距双行双株种植。加强茶园肥水管理，适时进行 3 次定剪。要分批留叶采摘。

### 4. 紫玫瑰

曾用名银观音。二倍体；无性系，灌木型，中叶类，中生种。

（1）产地（来源）与分布：由福建省农业科学院茶叶研究所 1978—2004 年以铁观音为母本，黄棪为父本，采用杂交育种法育成。为“九五”国家科技攻关优质资源。2005 年福建省农作物品种审定委会员审定为省级品种，编号闽审茶 2005003。

（2）特征：植株中等大小，树姿较直立，分枝较密。叶片呈水平状着生，椭圆形，叶色绿或深绿，叶面微隆起，叶身平，叶缘平，叶尖钝尖或渐尖，叶齿较锐浅密，叶质较厚脆。

（3）特性：春季萌发期中偏迟，2010 年和 2011 年在福建福安社口观测，一芽二叶初展期分别出现于 3 月 18 日和 4 月 3 日。芽叶生育力强，发芽密，持嫩性强，紫绿色，茸毛少；一芽三叶百芽重 62.0 g。2010、2011 年在福建福安社口取样春茶一芽二叶含茶多酚 16.3%、氨基酸 6.2%、咖啡碱 3.1%、水浸出物 48.4%。产量较高，每亩产乌龙茶可达 150 kg。适制乌龙茶、绿茶，品质优异，制优率高。制乌龙茶，条索紧结重实，香馥郁幽长，味醇厚回甘。制绿茶，外形色绿，花香显，味醇厚。抗旱、抗寒能力强。扦插繁殖力强，种植成活率高。

（4）适栽地区：福建茶区。

（5）栽培要点：宜选择纯种健壮母树剪穗扦插，培育壮苗选择土层深厚，土壤肥沃的黏质红黄壤园地种植，增加种植株数与密度。

### 5. 黄玫瑰

二倍体；无性系，小乔木型，中叶类，早生种。

（1）产地（来源）与分布：由福建省农业科学院茶叶研究所1986—2004年从黄观音与黄棪人工杂交一代中采用单株育种法育成。为“九五”国家科技攻关一级优异种质。2010年全国茶树品种鉴定委员会认定为国家品种，编号国品鉴茶2010025。

（2）特征：植株较高大，树姿半开张，分枝密。叶片呈水平状着生，叶长椭圆或椭圆形，叶色绿，有光泽，叶面隆起，叶身稍内折或平，叶缘微波，叶尖渐尖，叶齿较锐深密，叶质较厚脆。花冠直径2.7 cm，花瓣6～7瓣，子房茸毛中等，花柱3裂。

（3）特性：春季萌发期早，2010年和2011年在福建福安社口观测，一芽二叶初展期分别出现于3月11日和3月27日。芽叶生育力强，发芽密，持嫩性较强，新梢黄绿色，茸毛少；一芽三叶百芽重51.1 g。2010、2011年在福建福安社口取样春茶一芽二叶含茶多酚15.9%、氨基酸5.0%、咖啡碱3.3%、水浸出物49.6%。产量高，每亩产乌龙茶可达200 kg。适制乌龙茶、绿茶、红茶。制乌龙茶香气馥郁高爽，滋味醇厚回甘，制优率高；制绿茶、红茶，香高爽，味鲜醇。抗旱、抗寒性强。扦插繁殖力强，种植成活率高。

（4）适栽地区：乌龙茶区和江南红茶、绿茶区。

（5）栽培要点：选择土层深厚的园地采用1.5 m大行距、40 cm小行距、33 cm株距双行双株种植。加强茶园肥水管理，适时进行3次定剪。要分批留叶采摘，采养结合。

6. 瑞香

二倍体；无性系，灌木型，中叶类，晚生种。

（1）产地（来源）与分布：由福建省农业科学院茶叶研究所从黄棪自然杂交中经系统选育而成。福建乌龙茶茶区、海南、广西、广东等省区有栽培。2010年全国茶树品种鉴定委员会鉴定为国家品种，编号国品鉴茶2010017。

（2）特征：植株较高大，树姿半开张。叶片呈上斜状着生，叶长椭圆形，叶色黄绿，叶面稍隆起，叶身稍内折，叶缘稍波浪状，侧脉较明显，叶质较厚软。初花期常年在10月下旬，11月中旬进入盛花期。花冠直径2.9～3.7 cm，花瓣6～8片，花萼4～5片，子房有茸毛，雄蕊数200～222个，雌蕊高于雄蕊，花柱长1.12～1.24 cm，柱头3裂，花量中等，结实率低。

（3）特性：春季萌发期较迟，2010年和2011年在福建福安社口观测，一芽二叶初展期分别出现于3月24日和4月9日。发芽整齐，芽梢密度高，持嫩性较好，茸毛少；一芽三叶百梢重94.0 g。2010、2011年在福建福安社口取样春茶一芽二叶含茶多酚17.5%、氨基酸3.9%、咖啡碱3.7%、水浸出物51.3%。产量较高，每亩产乌龙茶

150 kg 以上。适制乌龙茶、红茶、绿茶，且制优率高。制乌龙茶色翠润，香浓郁清长、花香显，滋味醇厚鲜爽、甘润带香，耐泡；制绿茶汤色翠绿清澈，香浓郁鲜爽，味醇爽；制红茶金毫显，汤色红艳，鲜甜花香显，味鲜浓。抗逆性强，扦插成与定植成活率高，适应性广。

（4）适栽地区：福建、广东、广西、湖南等省区及相似茶区。

（5）栽培要点：宜选择纯种健壮母树剪穗扦插，苗地选择土层深厚，土壤肥沃的黏质红黄壤。种植时施足基肥，适当增加种植密度，重施有机肥。

### 7. 紫牡丹

曾用名紫观音。二倍体；无性系，灌木型，中叶类，中生种。

（1）产地（来源）与分布：由福建省农业科学院茶叶研究所于 1981—2005 年从铁观音的自然杂交后代中，采用单株选种法育成。被评为“九五”国家科技攻关农作物优异种质。2010 年全国茶树品种鉴定委员会鉴定为国家品种，编号国品鉴茶 2010026。

（2）特征：植株较高大，树姿半开张。叶片呈水平状着生，叶椭圆形，叶色深绿，具光泽，叶面隆起，叶身平，叶缘微波，叶尖渐尖，叶齿稍钝浅稀，叶质较厚脆。花冠直径 4. 0 cm，花瓣 6 ～7 瓣，子房茸毛中等，花柱 3 裂。

（3）特性：春季萌发期中偏迟，2010 年和 2011 年在福建福安社口观测，一芽二叶初展期分别出现于 3 月 18 日和 4 月 3 日。芽叶生育力强，持嫩性较强，芽叶紫红色，茸毛少；一芽三叶百芽重 54. 0 g。2010、2011 年在福建福安社口取样春茶一芽二叶含茶多酚 18. 4% 、氨基酸 5. 0% 、咖啡碱 4. 3% 、水浸出物 48. 6% 。产量较高，每亩产乌龙茶达 150 kg 以上。制乌龙茶，条索紧结重实，色泽乌褐绿润，香气馥郁鲜爽，滋味醇厚甘甜。抗寒、抗旱能力强。扦插繁殖力强，成活率高。

（4）适栽地区：福建、广东、广西、湖南及相似茶区。

（5）栽培要点：宜选择纯种健壮的母树剪穗扦插，培育壮苗。选择土层深厚、肥沃的黏质红黄壤园地种植，增加种植密度。

## 二、福建乌龙茶主栽品种

### 1. 铁观音

又名红心观音、红样观音、魏饮种。二倍体；无性系，灌木型，中叶类，晚生种。

（1）产地（来源）与分布：原产福建省安溪县西坪镇松尧，已有 200 多年栽培史。主要分布在福建省南部、北部乌龙茶茶区。中国台湾、广东等省内外乌龙茶茶区有引种。1985 年全国农作物品种审定委员会认定为国家品种，编号 GS13007-1985。

（2）特征：植株中等，树姿开张，分枝稀，枝条斜生。叶片呈水平状着生，叶椭圆形，叶色浓绿光润，叶缘呈波浪状，叶身平或稍背卷，叶齿疏而钝，叶尖渐尖，叶质厚脆。花冠直径 3.0～3.3 cm，花瓣 6～8 瓣，子房茸毛中等，花柱 3 裂。

（3）特性：春季萌发期早，2010 年和 2011 年在福建福安社口观测，一芽二叶初展期分别出现于 3 月 21 日和 4 月 6 日。芽叶生育力较强，发芽较稀，持嫩性较强，肥壮，芽叶绿带紫红色，茸毛较少；一芽三叶百芽重 60.5 g。2010、2011 年在福建福安社口取样春茶一芽二叶含茶多酚 17.4%、氨基酸 4.7%、咖啡碱 3.7%、水浸出物 51.0%。产量中等，每亩产乌龙茶 100 kg 以上。适制乌龙茶、绿茶。制乌龙茶品质优异，香气馥郁幽长，滋味醇厚回甘，具有独特香气，俗称“观音韵”。抗旱、抗寒性较强。扦插繁殖力较强，成活率较高。

（4）适栽地区：乌龙茶茶区。

（5）栽培要点：种植时施足基肥，增加种植密度，重施有机肥，适时定剪，采养结合。

### 2. 福建水仙

又名水吉水仙、武夷水仙。三倍体；无性系，小乔木型，大叶类，晚生种。

（1）产地（来源）与分布：原产于福建省建阳市小湖乡大湖村。已有 100 多年栽培史，相传选育于清康熙年间。主要分布于在福建省北部、南部。20 世纪 60 年代后，福建全省和中国台湾、广东、浙江、江西、安徽、湖南、四川等省有引种。1985 年全国农作物品种审定委员会认定为国家品种，编号 GS13009-1985。

（2）特征：植株高大，树姿半开张，主干明显，分枝稀，叶片呈水平状着生。叶长椭圆形或椭圆形，叶色深绿，富光泽，叶面平，叶缘平稍呈波状，叶尖渐尖，锯齿较锐深而整齐，叶质厚、硬脆。盛花期 10 月下旬，几乎不结果。花冠直径 3.7～4.4 cm，花瓣 6～8 瓣，子房茸毛多，花柱 3 裂。

（3）特性：春季萌发期迟，2010 年和 2011 年在福建福安社口观测，一芽二叶初展期分别出现于 3 月 26 日和 4 月 11 日。芽叶生育力较强，发芽密度稀，持嫩性较强，芽叶淡绿色，较肥壮，茸毛较多，节间长；一芽三叶百芽重 112.0 g。2010、2011 年在福建福安社口取样春茶一芽二叶含茶多酚 17.6%、氨基酸 3.3%、咖啡碱 4.0%、水浸出物 50.5%。产量较高，每亩产乌龙茶可达 150 kg。适制乌龙茶、红茶、绿茶、白茶，品质优。制乌龙茶色翠润，条索肥壮，香高长似兰花香，味醇厚，回味甘爽；制红茶、绿茶，条索肥壮，白毫显，香高，味浓；制白茶，芽壮毫多色白，香清味醇。抗寒、抗旱能力较强，适应性较强。扦插成与定植成活率高。

（4）适栽地区：江南茶区。

（5）栽培要点：选择土壤通透性良好的苗地扦插育苗。选择土层深厚的园地双行双株种植，及时定剪3～4次。

3. 毛蟹

参见绿茶主栽品种。

4. 黄棪

参见绿茶主栽品种。

5. 肉桂

原为武夷名枞之一。二倍体；无性系，灌木型，中叶类，晚生种。

（1）产地（来源）与分布：原产福建省武夷山马枕峰（慧苑岩亦有与此齐名之树），已有100多年栽培史。主要分布在福建省武夷山内山（岩山）。福建省北部、中部、南部乌龙茶茶区有大面积栽培，广东等省有引种。1985年福建省农作物品种审定委员会认定为省级品种，编号闽审茶1985002。

（2）特征：植株尚高大，树姿半开展，分枝较密。叶片呈水平状着生，长椭圆形，叶色深绿，叶面平，叶身内折，叶尖钝尖，叶齿较钝浅稀，叶质较厚软。花冠直径3.0 cm，花瓣7瓣，子房茸毛中等，花柱3裂。

（3）特性：春季萌发期迟，2010年和2011年在福建福安社口观测，一芽二叶初展期分别出现于4月1日和4月17日。芽叶生长势强，发芽较密，持嫩性强，紫绿色，茸毛少；一芽三叶百芽重53.0 g。2010、2011年在福建福安社口取样春茶一芽二叶含茶多酚17.7%、氨基酸3.8%、咖啡碱3.1%、水浸出物52.3%。产量较高，每亩产乌龙茶150 kg以上。适制乌龙茶，品质优，香气浓郁辛锐似桂皮香，滋味醇厚甘爽，“岩韵”显，品质独特。抗旱、抗寒性强。扦插繁殖力强，成活率高。

（4）适栽地区：福建乌龙茶茶区。

（5）栽培要点：适当增加种植密度，及时定剪3～4次，促进分枝。乌龙茶鲜叶采摘标准掌握“小至中开面”，以“中开面”为主。

6. 白芽奇兰

二倍体；无性系，灌木型，中叶类，晚生种。

（1）产地（来源）与分布：由福建省平和县农业局茶叶站和崎岭乡彭溪茶场于1981—1995年从当地群体中采用单株育种法育成。福建及广东东部乌龙茶茶区有栽培。1996年福建省农作物品种审定委员会审定为省级品种，编号闽审茶1996001。

（2）特征：植株中等，树姿半开张，分枝尚密。叶片呈水平状着生，叶长椭圆形，叶色深绿，富光泽，叶面微隆起，叶身平，叶缘微波，叶尖渐尖，叶齿较锐深密，叶质较厚脆。花瓣7瓣，子房茸毛中等，花柱3裂。

（3）特性：春季萌发期迟，2010年和2011年在福建福安社口观测，一芽二叶初展期分别出现于3月25日和4月10日。芽叶生育力强，发芽较密，持嫩性强，芽叶黄白绿色，茸毛尚多；一芽三叶百芽重139.0 g。2010、2011年在福建福安社口取样春茶一芽二叶含茶多酚16.4%、氨基酸3.6%、咖啡碱3.9%、水浸出物48.2%。产量中等，每亩产乌龙茶130 kg以上。适制乌龙茶、红茶，品质优。制乌龙茶，色泽褐绿润，香气清高细长，似兰花香，滋味醇厚甘鲜。制红茶，香高似兰花香，味厚。抗旱性与抗寒性强。扦插繁殖力强，成活率高。

（4）适栽地区：乌龙茶茶区。

（5）栽培要点：选择土壤通透性良好的苗地扦插育苗。选择土层深厚的园地双行双株种植，及时定剪3～4次。乌龙茶按照“小至中开面”鲜叶标准适时分批采摘。

## 三、福建其他乌龙茶生产用种

### 1. 悦茗香

二倍体；无性系，灌木型，中叶类，中生种。

（1）产地（来源）与分布：由福建省农业科学院茶叶研究所于1981—1993年从赤叶观音有性后代中，采用单株选种法育成。1987年以来，福建省北部、南部以及广东、湖南等省有栽种。2002年全国农作物品种审定委员会审定为国家品种，编号国审茶2002016。

（2）特征：植株中等，树姿半开张，分枝尚密。叶片呈水平状着生，叶近倒卵圆形，叶色深绿，叶面平，叶缘平，叶身平，叶尖钝尖，叶齿钝浅稀，叶质较厚软。花冠直径4.1 cm，花瓣6瓣，花柱3裂，子房茸毛少。

（3）特性：春季萌发期中偏迟，2010年和2011年在福建福安社口观测，一芽二叶初展期分别出现于3月20日和4月5日。芽叶生育力强，发芽较密，持嫩性强，芽叶淡紫绿色，茸毛少；一芽三叶百芽重60.0 g。2010、2011年在福建福安社口取样春茶一芽二叶含茶多酚21.4%、氨基酸3.6%、咖啡碱3.9%、水浸出物49.4%。产量较高，每亩产乌龙茶150 kg以上。适制乌龙茶、绿茶。制乌龙茶香气馥郁幽长，滋味醇厚回甘，制优率高。抗寒性与抗旱性强，适应性强。扦插繁殖力强，种植成活率高。

（4）适栽地区：我国乌龙茶茶区。

（5）栽培要点：幼龄期生长较慢，选择土层深厚、肥沃的园地采用双行双株种植及时定剪4次，乌龙茶鲜叶采摘标准掌握“小至中开面”以“中开面”为主，及时采摘。

### 2. 黄奇

二倍体；无性系，小乔木型，中叶类，早生种。

（1）产地（来源）与分布：由福建省农业科学院茶叶研究所于1972—1993年从黄棪（♀）与白奇兰（♂）（毗邻种植）的自然杂交后代中，采用单株选种法育成。福建省茶区和广东、湖南、四川、浙江、江苏等省有栽种。2002年全国农作物品种审定委员会审定为国家品种，编号国审茶国审茶2002018。

（2）特征：植株较高大，树姿半开张。叶片呈水平状着生，叶椭圆形，叶色绿，富光泽，叶面微隆起，叶缘微波，叶身平，叶尖渐尖，叶齿较钝浅稀，叶质较厚脆。花冠直径4.4 cm，花瓣6～7瓣，子房茸毛少，花柱3裂。

（3）特性：春季萌发期中等，2010年和2011年在福建福安社口观测，一芽二叶初展期分别出现于3月23日和4月8日。芽叶生育力强，发芽较密，持嫩性强，黄绿色，茸毛少；百芽重65.0 g。2010、2011年在福建福安社口取样春茶一芽二叶含茶多酚19.6%、氨基酸4.2%、咖啡碱4.0%、水浸出物50.2%。产量较高，每亩产乌龙茶达150 kg以上。适制乌龙茶、绿茶、红茶，品质优。制乌龙茶，香气浓郁细长，具有“奇兰”类品种特征香型，滋味醇厚鲜爽，制优率高；制绿茶，香高爽，味浓厚。抗性与适应性强。扦插繁殖力较强，种植成活率较高。

（4）适栽地区：我国乌龙茶区和江南红、绿茶区。

（5）栽培要点：选择土壤通透性良好的苗地扦插育苗。选择土层深厚的园地采用双行双株种植及时定剪3～4次，乌龙茶鲜叶采摘标准掌握“小至中开面”鲜叶标准适时分批采摘。

### 3. 丹桂

二倍体；无性系，灌木型，中叶类，早生种。

（1）产地（来源）与分布：由福建省农业科学院茶叶研究所于1979—1997年从肉桂自然杂交后代中采用单株育种法育成。福建省乌龙茶茶区、浙江、广东、海南等省茶区有栽培。2010 年全国茶树品种鉴定委员会鉴定为国家品种，编号国品鉴茶 2010015。

（2）特征：植株较高大，树姿半开张，分枝密。叶片呈稍上斜状着生，叶椭圆形，叶色深绿或绿，有光泽，叶面平，叶身平或稍内折，叶缘微波，叶尖渐尖，叶齿钝浅较密，叶质较厚软。花冠直径 4.2 cm，花瓣 6～7 瓣，子房茸毛中等，花柱 3 裂。

（3）特性：春季萌发期早，2010 年和 2011 年在福建福安社口观测，一芽二叶初展期分别出现于 3 月 14 日和 4 月 8 日。芽叶生育力强，发芽密，持嫩性强，芽叶黄绿色，茸毛少；一芽三叶百芽重 66.0 g。2010、2011 年在福建福安社口取样春茶一芽二叶含茶多酚 17.7%、氨基酸 3.3%、咖啡碱 3.2%、水浸出物 49.9%。产量高，每亩产乌龙茶可达 200 kg 以上。适制乌龙茶、绿茶、红茶。制乌龙茶香气清香持久、有花香，滋味清爽带鲜、回甘；制绿、红茶花香显，滋味浓爽。抗旱性与抗寒性强。扦插繁殖力强，成活率高。

（4）适栽地区：福建、广东、广西、湖南及相似茶区。

（5）栽培要点：及时定剪 3～4 次，促进分枝，尽早形成丰产树冠。采制乌龙茶以“中开面”鲜叶原料为主。

#### 4. 春兰

二倍体；无性系，灌木型，中叶类，早生种。

（1）产地（来源）与分布：由福建省农业科学院茶叶研究所于 1979—1999 年从铁观音自然杂交后代中采用单株育种法选育而成。福建省乌龙茶茶区、广西等地有栽培。2010 年全国茶树品种鉴定委员会鉴定为国家品种，编号国品鉴茶 2010016。

（2）特征：植株中等，树姿半开张。叶片呈水平状着生，叶长椭圆形，叶色深绿，有光泽，叶面微隆起，叶身平展，叶缘波状，叶尖渐尖，叶齿细密稍深，侧脉细明，叶质较厚脆。花冠直径 4.2 cm，花瓣 7～8 瓣，子房茸毛中等，花柱 3 裂。

（3）特性：春季萌发期较早，2010 年和 2011 年在福建福安社口观测，一芽二叶初展期分别出现于 3 月 14 日和 3 月 30 日。育芽能力较强，持嫩性较强，芽叶黄绿色，茸毛少；一芽三叶百芽重 58.0 g。2010、2011 年在福建福安社口取样春茶一芽二叶含茶多酚 15.6%、氨基酸 5.7%、咖啡碱 3.7%、水浸出物 51.4%。产量较高，每亩可产乌龙茶达 150 kg 以上。适制乌龙茶、绿茶、红茶。制乌龙茶外形重实，香气清幽细长，兰花香显，滋味醇厚有甘韵；制绿茶，汤色浅绿明亮，花香浓郁持久，滋味鲜醇爽口；制红茶，外形细长匀整，色泽乌黑有光，汤色金黄，香气似花果香，滋味鲜活甘爽。抗旱性与抗寒性强。扦插繁殖力强，成活率高。

（4）适栽地区：福建、广东、广西、湖南等省区及相似茶区。

（5）栽培要点：幼年期生长较慢，宜选择纯种健壮母树剪穗扦插，培育壮苗。选择土层深厚，土壤肥沃的黏质红黄壤园地种植，适当增加种植密度。

### 5. 本山

二倍体；无性系，灌木型，中叶类，中生种。有长叶本山和圆叶本山之分。

（1）产地（来源）与分布：原产福建省安溪县西坪镇尧阳南岩。主要分布在福建省南部、中部乌龙茶茶区。为安溪县主栽品种之一，各乡镇均有种植，主要分布于西坪、虎邱、芦田、龙涓蓬莱、剑斗等乡镇。1985 年全国农作物品种审定委员会认定为国家级品种，编号 GS13010-1985。

（2）特征：植株中等，树姿开张，分枝较密。叶片呈水平状着生，叶椭圆形或长椭圆形，叶色绿，叶面隆起，叶身平，叶缘波状或微波状，叶尖渐尖，侧脉明显，叶齿稍钝浅稀，叶质较厚脆。花冠直径 2.6～3.1 cm，花瓣 6 瓣，子房茸毛中等，花柱 3 裂，花果较多。

（3）特性：春季萌发期中偏迟，2010 年和 2011 年在福建福安社口观测，一芽二叶初展期分别出现于 3 月 23 日和 4 月 8 日。芽叶生育力较强，发芽较密，持嫩性较强，芽叶淡绿带紫红色，茸毛少；一芽三叶百芽重 44.0 g。2010、2011 年在福建福安社口取样春茶一芽二叶含茶多酚 14.5%、氨基酸 4.1%、咖啡碱 3.4%、水浸出物 48.7%。产量中等，每亩产乌龙茶达 100 kg 以上。适制乌龙茶、绿茶。制乌龙茶，条索紧结，枝骨细，色泽褐绿润，香气浓郁高长，似桂花香，滋味醇厚鲜爽，品质优者，有“观音韵”，近似铁观音的香味特征。抗旱性强，抗寒性较强。扦插繁殖力强，成活率高。

（4）适栽地区：乌龙茶茶区。

（5）栽培要点：宜缩减行距，适度密植；注意及时适时采摘。春季宜控制磷、钾肥施用量。

### 6. 大叶乌龙

又名大叶乌、大脚乌。二倍体；无性系，灌木型，中叶类，中生种。

（1）产地（来源）与分布：原产福建省安溪县长坑乡珊屏田中，已有 100 多年栽培史。主要分布在福建南部、北部乌龙茶茶区，台湾、广东、江西等省有引种。1985 年全国农作物品种审定委员会认定为国家级品种，编号 GS13011-1985。

（2）特征：植株较高大，树姿半开张，分枝较密。叶片呈稍上斜或水平状着生，叶椭圆形或倒卵圆形，叶色深绿，叶面平，叶身稍内折，叶缘平整，叶尖钝尖，叶齿较钝浅密，侧脉欠明，叶质厚较脆。花量中等，花冠直径 4.2～4.8 cm，花瓣 6 瓣，子房茸毛中等，花柱3裂、开裂较浅。

（3）特性：春季萌发期中偏迟，2010年和2011年在福建福安社口观测，一芽二叶初展期分别出现于3月23日和4月8日。芽叶生育力较强，持嫩性较强，节间较短，一梢3叶新梢长5.5 cm，芽叶绿色，茸毛少；一芽三叶百芽重75.0g。2010、2011年在福建福安社口取样春茶一芽二叶含茶多酚17.5%、氨基酸4.2%、咖啡碱3.4%、水浸出物48.3%。产量中等，每亩产乌龙茶可达130 kg以上。适制乌龙茶、绿茶、红茶。制乌龙茶，色泽乌绿润，香气高，似栀子花香味，滋味清醇甘鲜。抗旱性强，抗寒性较强。扦插繁殖力强，成活率高。

（4）适栽地区：乌龙茶茶区。

（5）栽培要点：选择土层深厚的园地，采用1.50 m大行距、40 cm小行距、33 cm丛距双行双株种植。加强茶园肥水管理，幼龄茶树适时进行3次定型修剪。宜分批及时采摘。

### 7. 八仙茶

曾用名汀洋大叶黄棪。无性系，小乔木型，大叶类，特早生种。

（1）产地（来源）与分布：由福建省诏安县科学技术委员会于1965—1986年从诏安县秀篆镇寨坪村菜茶群体中采用单株育种法育成。在福建省、广东省乌龙茶茶区有较大面积栽培。湖南、广西、四川等省区有引种。1994年全国农作物品种审定委员会审定为国家品种，编号GS13012-1994。

（2）特征：植株较高大，树姿半开张，主干较明显，分枝较密。叶片呈稍上斜状着生，叶长椭圆形，叶色黄绿，有光泽，叶面微隆起或平，叶身平，叶缘平，叶尖渐尖，叶齿稍钝浅密，叶质较薄软。花冠直径3.9 cm，花瓣6瓣，子房茸毛少，花柱3裂，几乎不结实。

（3）特性：春季萌发期早，2010年和2011年在福建福安社口观测，一芽二叶初展期分别出现于3月17日和4月11日。芽叶生育力强，发芽较密，持嫩性强，芽叶黄绿色，茸毛少；一芽三叶百芽重86.0 g。2010、2011年在福建福安社口取样春茶一芽二叶含茶多酚18.0%、氨基酸4.0%、咖啡碱4.2%、水浸出物52.6%。产量高，每亩产乌龙茶达200 kg。适制乌龙茶、绿茶、红茶，品质优。制乌龙茶，色泽乌绿润，香气清高持久，滋味浓强甘爽；制绿茶、红茶，香高味厚。抗旱性与抗寒性尚强。扦插繁殖力较强，成活率较高。

（4）适栽地区：乌龙茶茶区和江南部分红茶、绿茶茶区。

（5）栽培要点：挖深沟种植，增施有机肥，适当增加种植密度。压低定剪高度，增加定剪次数，促进分枝。幼龄期茶园铺草覆盖。乌龙茶要及时分批、按“小至中开面”鲜叶标准留叶采摘。冬季、早春注意预防冻害。

### 8. 佛手

别名雪梨、香橼种。二倍体；无性系，灌木型，大叶类，中生种。有红芽佛手和绿芽佛手之分，主栽品种为红芽佛手。

（1）产地（来源）与分布：原产于虎邱镇金榜骑虎岩。已有100多年栽培史。主要分布在福建南部、北部乌龙茶茶区。福建其他茶区有较大面积栽培，台湾、广东、浙江、江西、湖南等省以及日本有引种。1985年福建省农作物品种审定委员会认定为省级品种，编号闽认茶1985014。

（2）特征：植株中等，树姿开张，分枝稀。叶片呈下垂或水平状着生，叶卵圆形，叶色绿或黄绿，富光泽，叶面强隆起，叶身扭曲或背卷，叶缘强波，叶尖钝尖或圆尖，叶齿钝浅稀，叶质厚软。花冠直径3.9～4.1 cm，花瓣8瓣，子房茸毛中等，花柱3裂，几乎不结实。

（3）特性：春季萌发期中偏迟，2010年和2011年在福建福安社口观测，一芽二叶初展期分别出现于3月20日和4月5日。芽叶生育力较强，发芽较稀，持嫩性强，芽梢肥壮，芽叶绿带紫红色（绿芽佛手为淡绿色），茸毛较少，一芽三叶百芽重147.0g。2010、2011年在福建福安社口取样春茶一芽二叶含茶多酚16.2%、氨基酸3.1%、咖啡碱3.1%、水浸出物49.0%。产量较高，每亩产乌龙茶150 kg以上。适制乌龙茶、红茶，品质优良。制乌龙茶，条索肥壮重实，色泽褐黄绿润，香气清高幽长，似雪梨或香橼香，滋味浓醇甘鲜；制红茶，香高味醇。抗旱性与抗寒性强。扦插繁殖力较强，成活率较高。

（4）适栽地区：乌龙茶和部分红茶茶区。

（5）栽培要点：选用纯壮苗木，适当密植，增加定型修剪次数1～2次。宜“小至中开面”分批采摘。

### 9. 朝阳

二倍体；无性系，小乔木型，中叶类，早生种。

（1）产地（来源）与分布：由福建省农业科学院茶叶研究所于1981—1993年从崇庆枇杷茶有性后代中采用单株育种法育成。1987年以来，福建省和广东省东部有栽培。1994年福建省农作物品种审定委员会审定为省级品种，编号闽审茶1994003。

（2）特征：植株较高大，树姿直立，分枝较密。叶片呈稍上斜状着生，叶长椭圆形，叶色深绿，富光泽，叶面平，叶身内折，叶缘微波，叶尖渐尖，叶齿较钝浅稀，叶柄有紫红点，叶质厚软。花冠直径 4.9 cm，花瓣 8 瓣，子房茸毛中等，花柱 3 裂，几乎不结实。

（3）特性：春季萌发期早，2010 年和 2011 年在福建福安社口观测，一芽二叶初展期分别出现于 3 月 17 日和 3 月 26 日。芽叶生育力强，发芽密、齐，持嫩性强，芽叶紫绿色，茸毛少；一芽三叶百芽重 75.0 g。2010、2011 年在福建福安社口取样春茶一芽二叶含茶多酚 18.50%、氨基酸 4.2%、咖啡碱 4.3%、水浸出物 48.8%。产量高，每亩可产乌龙茶 200～300 kg。适制乌龙茶、红茶。制乌龙茶，品质优，香气高强，滋味浓厚，有特殊品种香，制优率高。抗旱性与抗寒性较强。扦插繁殖力较强，成活率较高。

（4）适栽地区：乌龙茶茶区。

（5）栽培要点：选择土壤通透性良好的苗地扦插育苗。选择土层深厚的园地双行双株种植，及时定剪 3～4 次。

10. 凤圆春

曾用名圆叶观音。二倍体；无性系，灌木型，中叶类，晚生种。

（1）产地（来源）与分布：安溪县茶科所于 1985—1998 年从当地铁观音群体中采用单株育种法育成。安溪及福建其他乌龙茶茶区有栽培。1999 年福建省农作物品种审定委员会审定为省级品种，编号闽审茶 99001。

（2）特征：植株适中，树姿半开张，叶片呈水平状着生，椭圆形，叶色深绿，富光泽，叶面隆起，叶缘波状，叶身平，叶尖圆尖，叶齿较锐浅密，叶质厚脆。花冠直径 3.3 cm，花瓣 7 瓣，花柱 3 裂，开裂较浅，子房茸毛中等。

（3）特性：春季萌发期迟，2010 年和 2011 年在福建福安社口观测，一芽二叶初展期分别出现于 3 月 22 日和 4 月 7 日。芽叶生育力强，持嫩性较强，芽叶紫红色，茸毛较少；一芽三叶百芽重 148.8 g。2010、2011 年在福建福安社口取样春茶一芽二叶含茶多酚 14.5%、氨基酸 5.2%、咖啡碱 3.7%、水浸出物 42.7%。产量较高，每亩产乌龙茶达 150 kg 以上。适制乌龙茶，品质优良，条索紧结重实，色泽褐绿润，香气高强，滋味醇厚甘爽，微带甜酸味，制优率高。抗旱性强，抗寒性较强。扦插繁殖力强，成活率高。

（4）适栽地区：乌龙茶茶区。

（5）栽培要点：选用纯壮苗木，选择土层深厚，土壤肥沃、有机质含量较高、阳光充足、较通风透气的山地种植。

11. 杏仁茶

二倍体；无性系，灌木型，中叶类，晚生种。

（1）产地（来源）与分布：原产于福建省安溪县蓬莱镇清水岩。相传宋代已有此树，“鬼空口”有二三株。20世纪60年代初开始繁育。安溪县茶叶科学研究所于1980—1998年进行鉴定、扩大繁殖、推广。安溪县有较大面积种植。1999年福建省农作物品种审定委员会审定为省级品种，编号闽审茶99002。

（2）特征：植株较高大，树姿半开张，分枝密。叶片呈水平状着生，椭圆形，叶色深绿，有光泽，叶面微隆起，叶身平或稍内折，叶缘微波，叶尖圆尖，叶齿较钝浅稀，叶质较厚脆。花冠直径3.2 cm，花瓣6瓣，子房茸毛中等，花柱3裂。

（3）特性：春季萌发期迟，2010年和2011年在福建福安社口观测，一芽二叶初展期分别出现于3月30日和4月15日。芽叶肥壮，紫红色，茸毛较少；一芽三叶百芽重139.6 g。2010、2011年在福建福安社口取样春茶一芽二叶含茶多酚15.6%、氨基酸4.70%、咖啡碱3.7%、水浸出物45.4%。产量较高，每亩可产乌龙茶150 kg以上。适制乌龙茶，制优率高，色泽褐绿润，香气高长，有独特的杏仁香味，滋味浓厚鲜爽。抗旱性和抗寒性强。扦插繁殖力强，成活率高。

（4）适栽地区：福建省乌龙茶茶区。

（5）栽培技术要点：选用纯壮苗木，选择土层深厚，土壤肥沃、有机质含量较高、阳光充足、较通风透气的山地进行适当种植。

12. 九龙袍

二倍体；无性系，灌木型，中叶类，紫芽，晚生种。

（1）产地（来源）与分布：由福建省农业科学院茶叶研究所于1979—2000年从武夷大红袍的自然杂交后代经系统选育而成。福建省乌龙茶茶区有栽培。2000年福建省农作物品种审定委员会审定为省级品种，编号闽审茶2000002。

（2）特征：植株较高大，树姿半开张，分枝密。叶片呈上斜状着生，椭圆形，节间短，叶厚。初花期常年在10月下旬，11月上中旬进入盛花期。花冠直径4.1 cm，花瓣6～7瓣，花萼5片，子房茸毛中等，花柱3裂，花量中等，结实率中等。

（3）特性：春季萌发期早，2010年和2011年在福建福安社口观测，一芽二叶初展期分别出现于3月30日和4月15日。芽叶生育力强，发芽密，持嫩性强，芽叶紫红色，茸毛少；一芽三叶百芽重83.0 g。2010、2011年在福建福安社口取样春茶一芽二叶含茶多酚18.8%、氨基酸4.1%、咖啡碱3.2%、水浸出物49.9%。产量高，每亩产乌龙茶达200 kg以上。制乌龙茶香气浓长，花香显，滋味醇爽滑口，耐冲泡，品质稳定。抗寒、旱能力强，适应性广。扦插繁殖力强，成活率高。

（4）适栽地区：福建省乌龙茶区。

（5）栽培要点：及时定剪 3～4 次，促进分枝，尽早形成丰产树冠。采制乌龙茶以“中开面”鲜叶原料为主。

13. 大红袍

二倍体；无性系，灌木型，中叶类，晚生种。

（1）产地（来源）与分布：武夷传统五大珍贵名枞之一。来源于武夷山风景区天心岩九龙窠岩壁上母树。在福建武夷山茶区有较大面积种植应用。由武夷山市茶业局选育而成，2012 年通过福建省农作物品种审定委员会审定，编号闽审茶 2012002。

（2）特征：植株中等，树姿半开张，分枝较密，叶片稍上斜状着生。叶椭圆形，叶身稍内折，叶色深绿，有光泽，叶面微隆，叶齿浅尚明，叶缘平或微波状，叶尖钝尖、略下垂，叶质较厚脆。花冠直径 3.0 cm，花瓣 6 瓣，花萼 5 片，子房茸毛中等，花柱 3 裂。

（3）特性：春季萌发迟，2010 年和 2011 年在福建福安社口观测，一芽三叶盛期出现于 4 月中后期。育芽能力较强，发芽较密、整齐，持嫩性较强，芽叶淡绿色，茸毛尚多，一芽二叶百芽重 80.0g。2013 年在福建福安社口取样春茶一芽二叶含茶多酚 17.1%，氨基酸 5.0%，咖啡碱 3.5%，水浸出物 51.0%。产量中等，每亩产乌龙茶达 130 kg 以上。适制闽北乌龙茶，品质优；经福建省茶叶质量检测中心站感官审评，制乌龙茶外形条索紧结、色泽乌润、匀整、洁净；内质香气浓长；滋味醇厚、回甘、较滑爽；汤色深橙黄；叶底软亮、朱砂色明显。抗旱、抗寒性较强。扦插繁殖力强，成活率高。

（4）适栽地区：福建省乌龙茶区。

（5）栽培要点：树冠培养采大养小，采高留低，打顶护侧。成龄茶园重施和适当早施基肥，注重茶园深翻、客土，秋冬季深翻有利于改善土壤的理化性状，促进茶树根系的生长发育和土壤的通透性，以恢复茶树生机。

14. 春闺

二倍体；无性系，灌木型，小叶类，晚生种。

（1）产地（来源）与分布：由福建省农业科学院茶叶研究所于 1979—2015 年从黄旦的自然杂交后代经系统选育而成。福建省乌龙茶茶区有栽培。2015 年福建省农作物品种审定委员会审定为省级品种，编号闽审茶 2001501。

（2）特征特性：该品种无性系，灌木型，小叶类，晚生种。在福建福安，通常春梢一芽二叶期在 4 月中旬。树姿半开张，树势较强。叶形呈椭圆形，叶片呈上斜状着生，叶色黄绿，叶面平，叶质柔软，叶尖渐尖。芽叶茸毛中等，芽叶黄绿色，持嫩性较强。芽梢密度较高，春季一芽三叶百芽重 74. 0 克左右。春茶一芽二叶鲜叶样约含水浸出物 41. 4%、茶多酚 17. 8%、氨基酸 4. 2%、儿茶素总量 13. 3%、咖啡碱 3. 8%。产量较高，亩产乌龙茶 150 kg 以上。适制乌龙茶，制闽南乌龙茶汤色蜜绿、香气花香显露、滋味清爽带花味。品种适制性强，可兼制绿茶，绿茶香气清高有花香、味醇厚爽口。该品种扦插与种植成活率高，耐寒、耐旱及抗病虫害能力与对照种黄旦相当，适应性较强。

（3）适栽地区：福建省乌龙茶和绿茶茶区。

（4）栽培要点：春闰亩植茶苗 4 000 ～5 000 株，幼年期定剪 3 ～4 次。因芽期较迟，注意防治茶假眼小绿叶蝉、螨类等为害。制闽南乌龙茶采小至中开面新梢，采用轻晒青、轻摇青初制工艺。

# 第四章　茶树主要经济性状调查与区试规范

茶叶为福建九大主要经济作物之一，其收获对象主要是新梢。茶树品种好坏主要体现在产量、品质等具体经济性状指标。只有系统、规范地对一个茶树品种进行观测、鉴定，才能客观、公正地评价其应用价值。

## 第一节　茶树品种主要经济性状调查规范

### 一、茶树形态学特征和生物学特性调查

1. 树型

目测 5 龄以上自然生长的植株，有性繁殖种质随机调查 10 株，无性繁殖种质随机调查 5 株。根据以下所列描述标准确定该茶树种质的树型。以样品中概率最大的描述为种质的树型。

灌木：植株从根颈处分枝，植株无明显主干。

小乔木：植株基部主干明显，中上部主干不明显。

乔木：植株从基部到顶部主干明显。

2. 树姿

有性繁殖种质随机调查自然生长茶树 10 株，无性繁殖 5 株。灌木型茶树测量外轮骨干枝与地面垂直线的夹角，每株测 2 个；乔木和小乔木型茶树测量一级分枝与地面垂直线的分枝夹角，每株测 2 个。单位为（°），精确到整数位。当两个描述概率相等时，则用两个描述作为种质的树姿。如某种质“直立”占 40%，“半开张”占 40%，“开张”占 20%，则以“直立；半开张”表示。

直立：一级分枝与地面垂直线的角度<30°。

半开张：30° ≤一级分枝与地面垂直线的角度<50°。

开张：一级分枝与地面垂直线的角度≥50°。

3. 发芽密度

成龄生产茶园当春茶第一轮越冬芽萌发至鱼叶期时，目测 33 cm × 33 cm（1 平方尺）蓬面内可见范围内已萌发的芽梢数。有性繁殖种质随机观测有代表性的 5 个点，无性繁殖种质观测 3 个点。单位为个，用平均值表示。树龄、修剪程度和采摘方式等均与发芽密度有很大关系。观测的植株上年秋季和当年春季蓬面不作修剪。

稀：灌木型和小乔木型<80 个，乔木型<50 个。

中：80≤灌木型和小乔木型<120 个，50≤乔木型<90 个。

密：灌木型和小乔木型≥120 个，乔木型≥90 个。

4. 一芽一叶期

有性繁殖种质定期定点观察 10 株，无性繁殖种质 5 株。不修剪茶树每株固定观察顶芽 2 个，修剪茶树每株固定观察剪口以下第一芽 2 个，春茶鱼叶期通过后每隔 1 ～2 d 观察一次，以样本数的 30% 越冬芽达到一芽一叶为准。需连续 2 年观察，用平均日（日期幅度）表示，如 3 月 29 日（3 月 26 日至 4 月 2 日）。定点观察新梢如有误采或其他危害，要及时更换与其相同芽期的新梢。一芽一叶期比福鼎大白茶早 10 d 或者晚 30 d 以上的为特异种质资源，比福鼎大白茶早≥6 d 的为优良种质资源。（绿茶以福鼎大白茶作对照品种，乌龙茶以黄棪作对照品种）。

5. 一芽二叶期

观测方法同一芽一叶期，以样本数的 30% 越冬芽达到一芽二叶为准。一芽三叶期等芽期调查方法也相同。

6. 芽叶色泽

当春茶第一轮一芽二叶占供试茶树全部新梢的 50% 时，有性繁殖种质随机采摘一芽二叶新梢 20 个，无性繁殖种质采摘 10 个，观察样品的芽叶色泽。观察时由 2 人同时判别，以样品中概率最大的描述为种质的芽叶色泽。通常芽叶色泽分为玉白色、黄绿色、浅绿色、绿色、紫绿色 5 类。芽叶色泽为白色、黄色、紫红色等的为特异种质资源。

7. 芽叶茸毛

当春茶第一轮一芽二叶占供试茶树全新梢的50%时进行目测，有性繁殖种质随机采摘一芽二叶新梢20个，无性繁殖种质采摘10个。以龙井43作为“少毛”判别标准，以福鼎大白茶与云抗10号分别作为中小叶茶和大叶茶“多毛”判别标准，判断样品一芽二叶芽叶茸毛的多少。以样品中概率最大的描述为种质的芽叶茸毛，芽叶茸毛比福鼎大白茶多的为特异种质资源。通常芽叶茸毛分为无、少、中、多、特多5类。

8. 一芽三叶长

当春茶第一轮侧芽的一芽三叶占全部侧芽数的50%时进行取样。从新梢鱼叶叶位处随机采摘一芽三叶新梢30个。测量一芽三叶基部至芽基（生长点）长度，单位为cm，精确到0.1 cm，用平均值表示。生长滞缓并快趋于三叶对夹的不可取作样本。一芽三叶长受树龄、水肥管理条件、采摘等影响，必须从未开采或上年深修剪后茶树上取样，肥水等管理应保持正常水平。

9. 一芽三叶百芽重

当春茶第一轮侧芽的一芽三叶占全部侧芽数的50%时进行取样。从新梢鱼叶叶位处随机采摘一芽三叶。称100个一芽三叶新梢的重，单位为g，精确到0.1 g。生长滞缓并快趋于三叶对夹的不可取作样本。雨水叶和露水叶不取样。在采样后1h内称重完毕。一芽三叶长同样受树龄、水肥管理条件、采摘等影响，必须从未开采或上年深修剪后茶树上取样，水、肥等管理条件应保持正常水平。

10. 叶长

于10—11月取当年生枝条中部典型成熟叶片，每株2片。有性繁殖种质共取20片，无性繁殖种质取10片。从叶片基部量至叶尖端部，单位为cm，精确到0.1 cm，用平均值表示。叶片受采摘、肥水条件等影响较大，必须从未开采或上年深修剪后茶树上取样，肥水等管理应保持正常水平。

11. 叶宽

于10—11月取当年生枝条中部典型成熟叶片，每株2片。有性繁殖种质共取20片，无性繁殖种质取10片。测量叶片最宽处的宽度，单位为cm，精确到0.1 cm，用平均值表示。叶片受采摘、肥水条件等影响较大，必须从未开采或上年深修剪后茶树上取样，肥水等管理应保持正常水平。

12. 叶片大小

于10—11月取当年生枝条中部典型成熟叶片，每株2片。有性繁殖种质共取20片，无性繁殖种质取10片。单位为cm，精确到0.1 cm。测定叶长和叶宽，计算公式为：叶面积=叶长×叶宽×0.7，再根据叶面积的平均值，按下列标准确定叶片大小（表4-1）。

**表4-1　叶片大小划分标准**

| 叶片大小 | 划分标准（$cm^2$） |
|---|---|
| 小叶 | 叶面积<20.0 |
| 中叶 | 20.0≤叶面积<40.0 |
| 大叶 | 40.0≤叶面积<60.0 |
| 特大叶 | 叶面积≥60.0 |

13. 叶形

于10—11月取当年生枝条中部典型成熟叶片，每株2片。有性繁殖种质共取20片，无性繁殖种质取10片。测量叶片的长和宽，根据叶长、叶宽计算出每张叶片的长宽比，再根据长宽比平均值，参照叶形的模式图和下列描述标准确定样品的叶形（表4-2）。以样品中概率最大的描述为种质的叶形。当两个描述概率相等时，则用两个描述作为种质的叶形。如某种质“椭圆形”占40%，“长椭圆形”占40%，“披针形”占20%，则以“椭圆；长椭圆”表示。

**表4-2　叶形划分标准**

| 叶形 | 划分标准 |
|---|---|
| 近圆形 | 长宽比≤2.0，最宽处近中部 |
| 卵圆形 | 长宽比≤2.0，最宽处近基部或端部 |
| 椭圆形 | 2.0<长宽比≤2.5，最宽处近中部 |
| 长椭圆形 | 2.5<长宽比≤3.0，最宽处近中部 |
| 披针形 | 长宽比≥3.0，最宽处近中部 |

14. 叶色

于10—11月取当年生枝条中部典型成熟叶片，每株2片。有性繁殖种质共取20片，无性繁殖种质取10片。由2人同时用肉眼判断叶片正面的颜色，以样品中概率最大的描述为种质的叶色。叶色与水肥管理、气候条件等有较大关系，肥水等管理应保持正常水平。这里是指单片成熟叶的颜色，与芽叶色泽即新梢色泽有差异。叶色通常分为黄绿色、浅绿色、绿色、深绿色 4 类。

15. 叶质

于 10—11 月取未开采或深修剪后茶树当年生枝条中部典型成熟叶片，每株 2 片。有性繁殖种质共取 20 片，无性繁殖种质取 10 片。由 2 人同时以手感方式判断样品的叶质，以样品中概率最大的描述为种质的叶质。当两个描述概率相等时，则用两个描述作为种质的叶质。叶质通常分为柔软、中、硬 3 类，如某种质“柔软”占 40%，“中”占 40%，“硬”占 20%，则以“柔软；中”表示。

## 二、品质特性

1. 适制茶类

样品加工后 20 天左右按“NY/T 787 茶叶感官审评通用方法”或“GB/T23776-2009 茶叶感官审评方法”由具资质的人员、机构进行密码审评，以体现公平、公正。感官审评，以五因子加权后总分（单位为分，精确到 0.1 分）最高的一批次来确定该资源的适制茶类、品质得分、香气和滋味特征。

（1）绿茶。烘青绿茶五项因子的加权系数是：外形 20%，汤色 10%，香气 30%，滋味 30%，叶底 10%。审评分与对照品种样茶审评分相比，达到或超过为最适合，低于 0.1～2.0 分为适合，低于 2.1～4.0 分为较适合，低于 4.0 分以上为不适合。

（2）红茶。红碎茶五项因子的加权系数是：外形 10%，汤色 15%，香气 30%，滋味 35%，叶底 10%；工夫红茶：外形 25%，汤色 10%，香气 25%，滋味 30%，叶底 10%。审评分与对照品种样茶审评分相比，达到或超过为最适合，低于 0.1～2.0 分为适合，低于 2.1～4.0 分为较适合，低于 4.0 分以上为不适合。

（3）乌龙茶。五项因子的加权系数是：外形 15%，汤色 10%，香气 35%，滋味 30%，叶底 10%；或外形 20%，汤色 5%，香气 30%，滋味 35%，叶底 10%。审评分与对照相比，达到或超过为最适合，低于 0.1～3.0 分为适合，低于 3.1～6.0 分为较适合，低于 6.0 分以上为不适合。

（4）不适制。多为野生型茶树或近缘种。

注意事项：茶样审评分高低决定着品质的优劣和茶类的适制性，而样品又受芽叶采摘嫩度、加工工艺等因素的影响，并且感官审评也有人为误差。故必须有 2 年以上的重复制样和审评，而且要求茶园管理水平和样品采制人员相对稳定。如果年度之间趋势不一致，则需要第3年重复鉴定。不同需求，感官审评各因子权重可进行适当调整，如单株适制性鉴定茶样审评，外形正常即可，色泽作参考，香气、滋味可各占50%。

2. 兼制茶类

分为绿茶、红茶、乌龙茶等或不兼制。

## 三、生化成分

春季采摘第一批一芽二叶标准新梢进行蒸青固样（鲜叶薄摊，于沸腾的液化气蒸锅内蒸1分钟，取出后迅速用电风扇吹干表面水，之后于80℃烘干箱内烘至足干，摊凉后密封包装备用)，样品送具法定资质相关检测部门检测，2年以上的重复鉴定，取其平均值。

生化成分受树龄、立地与水肥管理条件等的影响，树龄应为成龄生产茶园，水肥管理水平正常。

1. 水浸出物

按GB/T 8305-2013 茶 水浸出物测定方法测定。

2. 茶多酚总量

按GB/T 8313-2008 茶 茶多酚测定方法测定。茶多酚总量≥25.0%或≤7.5%的为特异种质资源，茶多酚总量≥20.0%的为优良种质资源。儿茶素总量≥20.0%的为特异种质资源。

3. 咖啡碱含量

按GB/T 8312-2013 茶 咖啡碱测定方法测定。咖啡碱含量≥5.0%或≤1.5%的为特异种质资源。

4. 游离氨基酸总量

按GB/T 8314-2013 茶 游离氨基酸测定方法测定。游离氨基酸总量≥5.0%的为特异种质资源，游离氨基酸总量≥4.0%的为优良种质资源。游离茶氨酸总量≥3.0%的为特异种质资源。

# 第二节　茶树品种区域试验操作技术规范

茶树品种区域试验是新品种选育的必需程序，是由品种管理部门组织的按统一方案进行的田间试验，目的是在统一条件下通过对物候期、产量、品质和抗性等的系统鉴定，明确参试品种适宜种植的范围和适合制作的茶类以及栽培过程中需防范的灾害。

茶树品种区域试验操作技术规范由茶树品种审（鉴、认）定部门组织茶树品种审（鉴）定委员或相关专家制订，或由茶树品种茶树区试组织单位具体制订。

## 一、区试点的设置与试验周期

茶树品种区域试验一般要求在该省或国家该茶类推广区域2～4个不同气候带布点，品种选育单位有品系比较试验区的可在本区域外2个点。每轮区试的区试点由区试主持单位（省级区试一般由省农业厅或品种选育单位，国家区试一般由全国农业技术推广服务中心委托中国农科院茶叶所）提出，并报相关部门备案。区试承担单位必须按区域试验统一要求设计，保障足够的试验用地、并有固定专人负责，并对试验资料负有保密责任，未经参试方同意，不得私自繁育出售和引用试验数据或其他有关材料。茶树品种区域试验一般每轮进行6～7年，前3年主要进行种植成活率、树势、适应性等调查，3年后主要开展产量、制茶品质、抗寒、抗旱、主要病虫害抗性等鉴定，最后一年要系统的对参试各品种进行区试总结，客观、公正的评价各参试品种在鉴定点的适应性及其利用价值（与相应茶类对照种作比较）。每隔3～5年，经主管部门批准可启动新一轮区试。每个试验点承试品种的数量最好不超过20个（含对照种）。若有多个茶类参试，可分别布区区试，以便管理、观测等。

## 二、田间布区技术规范

### 1. 试验园地要求

园地四周较空旷，地势较平坦，土壤结构良好，土层深厚，无塥土，肥力中等，同一试验区肥力水平一致，pH值4.5～6.0。试验田附近有水源，排灌水方便。

2. 对照品种

绿茶为福鼎大白茶，乌龙茶为黄棪，红茶为黔湄809或英红1号、云抗10号。对照品种最好由区试组织单位指定统一提供。

3. 苗木要求

参试茶苗应符合《GB11767—2003 茶树种苗》Ⅱ级苗以上标准（表4－3），无明显病虫害。根据各区试点要求提供足够的参试苗木，有专业鉴定点的也要及时提供参试苗木。一般参试品种要准备有3 000株以上的优质苗木。

**表4－3　茶树苗木质量标准**

| 苗木质量标准 | 叶片大小 | 苗龄 | 苗高（cm） | 茎粗（mm） | 侧根数（根） | 品种纯度（%） |
|---|---|---|---|---|---|---|
| Ⅰ级 | 大叶种 | 一年生 | ≥30 | ≥4.0 | ≥3 | 100 |
| Ⅱ级 | 大叶种 | 一年生 | ≥25 | ≥2.5 | ≥2 | 100 |
| Ⅰ级 | 中小叶种 | 一年生 | ≥30 | ≥3.0 | ≥3 | 100 |
| Ⅱ级 | 中小叶种 | 一年生 | ≥20 | ≥2.0 | ≥2 | 100 |

4. 小区设计

3次重复，随机区组排列，小区长度9 m，面积13.5 $m^2$，设保护行。双行双株交叉种植，大行距150 cm，小行距40 cm，穴距33 cm。提倡设立副区，有条件的还可建生产示范点。

## 三、栽培管理技术措施

1. 定型修剪

一般分3次进行。第一次在定植时进行，离地15～20 cm进行定型修剪，大叶种25～30 cm；种植1年以后每年秋季封园前在前一次剪口上提高10～20 cm进行第二、第三次定剪。第三年开始夏秋季打顶养蓬。不同树型修剪技术有所不同，灌木型的可适当矮些。具体栽培管理技术措施可参照当地茶园管理水平执行，但对各参试品种管理技术要求一致。

2. 施肥和耕作

一年至少施1次基肥和2次追肥。肥料种类、施肥量和时期可参照当地丰产茶园的管理水平，每个区的施肥量要保持一致。中耕在秋季进行，及时人工除去杂草。

3. 病虫害防治

根据病虫发生情况及时防治，并做好病虫害发生与防治记录。

## 四、相关观察记载

1. 区试点基本情况

包括区试点的地理位置（经度、纬度、海拔）、气象数据（年、月平均气温，极端高温和极端低温，全年和各月的降水量。这些数据可向当地气象部门查询）、土壤性状（类型、pH 值、肥力水平、土层厚度），试验区布置（平面布置图、试验品种、对照品种、布置排列方式、重复次数、小区面积等）、种植信息（茶园开垦时间、耕作深度、种植方式和时间、施肥种类、数量和时间、种植密度等），当地主产茶类和主栽品种。

2. 田间管理

日常茶园管理的主要技术措施，包括中耕、除草、施肥、灌溉、修剪、采摘、病虫害防治（防治对象、时间、适用农药、用量、防治效果等）等，将具体时间、数量、标准、执行人员、天气情况等详细记载，建好田间管理档案。

3. 茶苗成活率调查

茶苗定植后第 1 ～3 年调查参试品种成活率，包括株成活率和丛成活率。

株成活率（%）＝成活苗株数/定植苗株数 ×100

丛成活率（%）＝成活丛数/定植丛数 ×100

4. 高幅度测量

第 2、第 3 次定型修剪前测量茶树高度和幅度。每个重复定点取样 5 个（如茶行长 9 m，则分别定点在 1 m、3 m、5 m、7 m、9 m 中心处）测量茶行高度和幅度，计算平均数。

5. 春梢生育期观察

定植后第 4 年春季起，从越冬芽萌动开始，观察各参试品种春梢萌动期、鳞片开展期、鱼叶开展期、一叶初展期、二叶初展期、三叶初展期等，归纳时，主要用一芽一叶至三叶的数据。每个小区观察 5 丛，每丛选择 1 个芽头固定观察，取最后一次修剪的剪口以下第一个带叶健壮芽作为观察芽。萌发后每隔 1 d 观察 1 次，各个生育期以 30% 观察芽达到该物候为标准（表 4 -4）。连续观察 3 年。观察期间，如发生损伤或误采立即调换相同生长状态的芽梢。最好要有专人固定观测，确保观测方法一致。

数据统计：先算出每一年试验品种与对照品种的差异天数，再将 3 年差异天数平均，并同时标出日期幅度，如某一品种第一年比对照早 2 d，第二年早 0 d，第三年早 1 d，平均早 1 d（表 4 -5）。同时，列出一芽一叶期的 3 年幅度，如 3 月 28 日至 4 月 1 日（表 4 -6）。

**表 4 -4　物候期观察记载**

| 品种 | 观察日期 | 一区 | | | | | 二区 | | | | | 三区 | | | | |
|---|---|---|---|---|---|---|---|---|---|---|---|---|---|---|---|---|
| | | 1 号 | 2 号 | 3 号 | 4 号 | 5 号 | 6 号 | 7 号 | 8 号 | 9 号 | 10 号 | 11 号 | 12 号 | 13 号 | 14 号 | 15 号 |
| | | | | | | | | | | | | | | | | |

记载人：　　　　　　　　审核人：

**表 4 -5　____年参试品种物候期**

| 品种 | 一叶初展期 | | 二叶初展期 | | 三叶初展期 | |
|---|---|---|---|---|---|---|
| | 一叶初展期 | 与 CK 相差天数 | 二叶初展期 | 与 CK 相差天数 | 三叶初展期 | 与 CK 相差天数 |
| CK | | | | | | |

调查人：　　　　　　　　汇总人：　　　　　　　　审核人：

**表 4 -6　参试品种新梢生育期汇总**

| 品种 | 项目 | 一叶初展期与 CK 相差天数 | 二叶初展期与 CK 相差天数 | 三叶初展期与 CK 相差天数 | 备　注 |
|---|---|---|---|---|---|
| | 第四年 | | | | |
| | 第五年 | | | | |
| | 第六年 | | | | |
| | 平均差异 | | | | |
| | 3 年幅度 | | | | |

汇总日期：　　　　　　　　汇总人：　　　　　　　　审核人：

### 6. 发芽密度调查

第 4～6 年春季进行观测。在通过一芽二叶期当日或次日，每个品种每小区随机取 3 个点，调查每点（33. 3 cm ×33. 3 cm）10 cm 叶层范围内萌动芽以上的芽梢数，取 3 年平均数。

### 7. 鲜叶产量记录

从第四年起连续记载3年。红、绿茶品种每年采春、夏、秋茶三季，采摘标准为春茶第一批鲜叶在一芽二叶物候期通过之日或第二天，采一芽二叶和同等嫩度对夹叶；夏茶、秋茶采一芽二、三叶和同等嫩度对夹叶。要求春、夏茶留鱼叶采，秋茶留一叶采。乌龙茶区试点要求春、夏、秋三季采摘“小至中开面”的对夹二、三叶和一芽三、四叶嫩梢。各茶类每季茶要分批多次采摘，各参试品种采净率均需达到90%（表4-7）。雨水叶要去除雨水稍摊放后再称重，产量记录到小数点后2位。

数据统计：根据参试品种鲜叶产量汇总结果（表4-8，表4-9），用二因子（品种间、年度间）方差分析，测定参试品种与对照品种间绝对产量（不是%产量）的差异显著性程度（最小差异显著标准LSD要达到0.05）。

**表4-7　________年________品种鲜叶产量记载**

| 采摘日期（月/日） | Ⅰ区（kg） | Ⅱ区（kg） | Ⅲ区（kg） | 备　注 |
|---|---|---|---|---|
| ⋮ | ⋮ | ⋮ | ⋮ | ⋮ |
| 合　计 | | | | |
| 三区平均 | | | | |

记载人：　　　　　　　　　　审核人：

**表4-8　参试品种鲜叶产量统计**

| 品种 | 小区产量（kg/小区） | | | 三区合计（kg/小区） | 三区平均（kg/小区） | 亩产（kg/亩） | 与CK比（%） |
|---|---|---|---|---|---|---|---|
| | 一区 | 二区 | 三区 | | | | |
| CK | | | | | | | |

记载人：　　　　　　　　　　审核人：

**表4-9　各品种鲜叶产量汇总（kg/小区）**

| 品种 | 第一年 | | | | 第二年 | | | | 第三年 | | | | 平均 |
|---|---|---|---|---|---|---|---|---|---|---|---|---|---|
| | Ⅰ区 | Ⅱ区 | Ⅲ区 | 小计 | Ⅰ区 | Ⅱ区 | Ⅲ区 | 小计 | Ⅰ区 | Ⅱ区 | Ⅲ区 | 小计 | |
| CK | | | | | | | | | | | | | |

汇总日期：　　　　　　　　汇总人：　　　　　　　　审核人：

### 8. 加工品质鉴定

从第四年起，按参试品种的适制性或参试目的，选择制作烘青绿茶或红碎茶或乌龙茶。每年制样后每个品种第一批样100克左右集中保管好，及时寄送由区试组织单位指定的单位进行感官审评。按“NY/T 787 茶叶感官审评通用方法”或“GB/T23776—2009 茶叶感官审评方法”由具资质的人员、机构进行密码审评。感官审评，以五因子加权后总分（单位为分，精确到0.1分）。

9. 抗性鉴定

从第四年起，各区试点连续3年对茶树耐寒性、耐旱性、抗病性（炭疽病、茶饼病及当地主要病害）、抗虫性（假眼小绿叶蝉、茶橙瘿螨及当地主要虫害）进行鉴定（一般区试点只进行田间调查）。专业点对抗性（耐寒、旱性，炭疽病、茶饼病、茶橙瘿螨和假眼小绿叶蝉）进行连续两年的专业鉴定。

## 五、区试总结

1. 年度小结

根据区试规范的各年度工作要求，对当年开展观测、鉴定的内容逐个进行总结、分析。分析存在主要问题及改进措施等，以及下一年计划。年度小结及时上报区试主持单位，同时发送参试品种育种单位（人）。

2. 总结报告

要全面总结各区试点布区以来的观测、鉴定情况，为各参试品种作出客观、公平、公正的评价。主要包括以下内容。

（1）区试点的基本情况与布区规范。

（2）区试实施的全过程：前3年的茶树培育管理技术措施，测产后的培育管理措施；试验观察和实验方法等。

（3）鉴定结果：各参试品种所有鉴定结果，逐一与相应对照品种比较。根据各参试品种的表现，提出每个品种适宜推广的区域或范围，适合制作的茶类，及其配套的栽培、加工技术和注意事项等。

（4）资料归档保存：所有有关档案资料均由区试承担单位归档保存，主要包括区试任务书等有关文件；田间观察和实验室原始记录；茶样审评表；数据整理统计记录；影像或照片；不可抗拒因素或人为造成试验损失或中断的说明或证明；区试总结报告等。所有材料要及时归档，档案材料要完整、系统，便于追溯、查找。

总结报告在区试点负责人和技术负责人签字、区试承担单位盖章后，上报区试主持单位，并报送各参试品种单位或个人（表4－10）。

**表 4－10　________区试点第________批区域试验结果汇总**

| 品种 | 定植一年后成活率（%） | | 第 3 次定剪前高幅度（cm） | | 物候期（平均日和日期幅度） | | | | | |
|---|---|---|---|---|---|---|---|---|---|---|
| | | | | | 一芽一叶初展期 | | 一芽二叶初展期 | | 一芽三叶初展期 | |
| | 株成活率 | 丛成活率 | 树高 | 树幅 | 平均日 | 日期幅度 | 平均日 | 日期幅度 | 平均日 | 日期幅度 |
| CK | | | | | | | | | | |

| 发芽密度个/1 109 $cm^2$ | 3 年鲜叶小区平均产量（kg） | | 制茶品质 | | 抗逆性 | | 病虫害 | | 综合评价及建议推广区域 |
|---|---|---|---|---|---|---|---|---|---|
| | 平均 | 与 CK※比较（%）及差异显著性 | 茶类及得分 | 与 CK 比较差异 | 冻害级别 | 旱害级别 | 种类 | 受害级别 | |
| CK | | | | | | | | | |

汇总日期：　　　　　　　　填表人：　　　　　　　　审核人：

# 第五章　福建茶树品种选择搭配技术

茶树品种选择搭配要兼顾各品种区域适应性、适制茶类、芽期、生化特性、制茶品质、遗传多样性等。优良茶树品种的合理搭配，有利于减少不良气候对生产的影响及减轻生产与加工压力，同时有利于产品原料拼配和品质互补，丰富产品花色，还有利于提高茶园整体的抗病虫性和抗逆性。

## 第一节　基于生育期与遗传多样性的茶树品种搭配技术

福建是我国的产茶大省，无性系茶树品种和茶类花色品种数量均称冠全国，素有“茶树良种王国”之称。众多的茶树品种一方面可丰富生产用种，另一方面也给茶叶生产中的品种选择带来了困惑，尤其是那些亲本来源相似或生育期相近的众多品种。

茶树良种选用既强调要早中晚合理搭配，同时又要加强不同品质风格品种的搭配，以利于产品原料拼配和品质互补，丰富产品花色。茶树的遗传多样性主要来自茶树的有性杂交以及品种来源地的不同地理环境和生态条件造成的茶树遗传变异。姜燕华等研究表明，经过较为强烈的人为筛选后，生产用种的遗传多样性确实降低了，由此导致了在较多的性状位点上趋于同质化，茶树品种遗传多态性高到低依次为未审（认）定地方品种 > 育成品种 > 审（认）定地方品种。叶乃兴等认为，由于茶业向集约化方向发展，使有些茶区品种趋于单一化，由此导致遗传多样性日益耗失，品种的遗传基础越来越窄，而茶树品种的遗传多样性极其有利于提高茶园整体的抗病虫性和抗逆性，可见加强不同遗传特性品种搭配种植十分必要和重要。

### 一、不同品种的春梢生育期

陈常颂等在相同生态、栽培条件下，连续 2 年对三四年生的福建省 40 个茶树品种进行春梢生育期观察，详见表5－1、表5－2。25个福建乌龙茶品种中，有8个是早生种（黄旦、茗科1号/金观音、黄玫瑰、黄观音、金牡丹、八仙茶、丹桂、春兰），11个为中生或中偏晚生种（紫牡丹、紫玫瑰、梅占、大叶乌龙、铁观音、悦茗香、本山、毛蟹、红芽佛手、黄奇、凤圆春）、6个为晚生种（瑞香、福建水仙、白芽奇兰、杏仁茶、九龙袍、肉桂）；15个福建绿茶品种中有12个早、中生种（霞浦元宵绿、早春毫、早逢春、霞浦春波绿、福云6号、朝阳、九龙大白茶、福云595、福鼎大白茶、福云10号、福鼎大毫茶、福安大白茶，其中，霞浦元宵绿、早春毫、早逢春、霞浦春波绿为特早生种）、3个晚生种（福云7号、福云20号、政和大白茶），品种间显著的芽期差异可为品种的合理搭配种植提供有力支持。

**表5－1　乌龙茶品种2年春梢物候期调查汇总**

| 编号 | 种质 | 与CK平均差异天数 | | | 备注 |
|---|---|---|---|---|---|
| | | 一叶初展期 | 二叶初展期 | 三叶初展期 | |
| 1 | 茗科1号（金观音） | －1 | －2 | 0 | 早生种 |
| 2 | 黄玫瑰 | －1 | －6 | －2 | |
| 3 | 黄观音 | －3 | －6 | －2 | |
| 4 | 金牡丹 | －9 | －9 | －4 | |
| 5 | 八仙茶 | －9 | －9 | －4 | |
| 6 | 春兰 | －6 | －8 | －4 | |
| 7 | 丹桂 | －6 | －8 | －5 | |
| 8 | 黄旦（CK） | 0 | 0 | 0 | |
| 9 | 紫牡丹 | －10 | －10 | －6 | 中生种或中偏晚生种 |
| 10 | 紫玫瑰 | －11 | －12 | －8 | |
| 11 | 梅占 | －12 | －12 | －8 | |
| 12 | 铁观音 | －13 | －13 | －8 | |
| 13 | 悦茗香 | －11 | －12 | －9 | |
| 14 | 本山 | －15 | －15 | －9 | |
| 15 | 毛蟹 | －13 | －13 | －10 | |
| 16 | 红芽佛手 | －13 | －14 | －10 | |
| 17 | 黄奇 | －13 | －15 | －10 | |
| 18 | 凤圆春 | －14 | －14 | －11 | |
| 19 | 大叶乌龙 | －16 | －15 | －13 | |
| 20 | 瑞香 | －16 | －16 | －15 | 晚生种 |
| 21 | 水仙 | －17 | －18 | －15 | |
| 22 | 白芽奇兰 | －17 | －18 | －16 | |
| 23 | 杏仁茶 | －20 | －22 | －17 | |
| 24 | 九龙袍 | －23 | －24 | －20 | |
| 25 | 肉桂 | －24 | －24 | －20 | |

调查地点：福安市社口

表 5-2 绿茶品种 2 年春梢物候期调查汇总

| 编号 | 品种 | 与 CK 平均差异天数 | | | 备注 |
|---|---|---|---|---|---|
| | | 一叶初展期 | 二叶初展期 | 三叶初展期 | |
| 1 | 霞浦元宵绿 | +24 | +22 | +18 | 特早生种 |
| 2 | 早春毫 | +17 | +17 | +14 | |
| 3 | 早逢春 | +17 | +17 | +14 | |
| 4 | 霞浦春波绿 | +17 | +17 | +14 | |
| 5 | 福云 6 号 | +10 | +9 | +6 | 早生种 |
| 6 | 朝阳 | +8 | +7 | +4 | |
| 7 | 九龙大白茶 | +2 | 0 | 0 | |
| 8 | 福云 595 | 0 | +1 | 0 | |
| 9 | 福鼎大白茶 | 0 | 0 | 0 | |
| 10 | 福云 10 号 | -2 | -1 | 0 | |
| 11 | 福鼎大毫茶 | +2 | -1 | -1 | |
| 12 | 福安大白茶 | 0 | -2 | -2 | |
| 13 | 福云 7 号 | -4 | -3 | -5 | 中生种 |
| 14 | 福云 20 号 | -8 | -7 | -8 | |
| 15 | 政和大白茶 | -16 | -15 | -17 | 晚生种 |

调查地点：福安社口

## 二、鲜叶生化成分检测

茶树鲜叶生化成分是影响成茶品质的关键内在因子之一，其内含生化组成与含量的差异是各品种特性的主要具体表现。福建 40 个茶树品种生化成分结果详见表 5-3，水浸出物、茶多酚、游离氨基酸、咖啡碱平均含量分别为 47.5%、17.15%、4.85%、3.75%。其中，14 个绿茶品种中水浸出物、茶多酚、游离氨基酸、咖啡碱平均含量分别为 47.2%、16.0%、5.08%、3.63%；26 个乌龙茶品种中水浸出物、茶多酚、游离氨基酸、咖啡碱平均含量分别为 47.7%、17.9%、4.7%、3.8%。总体绿茶品种的游离氨基酸高于乌龙茶品种，而其他成分略低于乌龙茶品种。40 个品种中水浸出物最高为梅占（52.6%），最低为霞浦春波绿、凤圆春（42.7%）；茶多酚最高为悦茗香（21.4%），最低为早春毫（9.8%）；游离氨基酸最高为紫玫瑰（6.2%），最低为红芽佛手（3.1%）；咖啡碱最高为福云 595（5.0%），最低为福云 6 号与早逢春（2.9%）。

**表 5－3　二年 41 个茶树品种生化检测结果（%）**

| 品种 | 水浸出物 | 茶多酚 | 游离氨基酸 | 咖啡碱 | 品种 | 水浸出物 | 茶多酚 | 游离氨基酸 | 咖啡碱 |
|---|---|---|---|---|---|---|---|---|---|
| 福云 6 号 | 45.1 | 14.9 | 4.7 | 2.9 | 福鼎大毫茶 | 47.2 | 17.3 | 5.3 | 3.2 |
| 福云 7 号 | 48.9 | 13.6 | 4.0 | 4.1 | 福安大白茶 | 51.3 | 15.5 | 6.1 | 3.4 |
| 福云 10 号 | 46.3 | 14.7 | 4.3 | 3.1 | 梅占 | 51.7 | 16.5 | 4.1 | 3.9 |
| 黄观音 | 48.4 | 19.4 | 4.8 | 3.4 | 政和大白茶 | 46.8 | 13.5 | 5.9 | 3.3 |
| 悦茗香 | 49.4 | 21.4 | 3.6 | 3.9 | 毛蟹 | 48.2 | 14.7 | 4.2 | 3.2 |
| 茗科 1 号 | 45.6 | 19 | 4.4 | 3.8 | 铁观音 | 51.0 | 17.4 | 4.7 | 3.7 |
| 黄奇 | 50.2 | 19.6 | 4.2 | 4 | 黄旦 | 48.0 | 16.2 | 3.5 | 3.6 |
| 福云 595 | 47.3 | 12.5 | 4.7 | 5.0 | 福建水仙 | 50.5 | 17.6 | 3.3 | 4.0 |
| 朝阳 | 48.8 | 18.5 | 4.2 | 4.3 | 本山 | 48.7 | 14.5 | 4.1 | 3.4 |
| 丹桂 | 49.9 | 17.7 | 3.3 | 3.2 | 大叶乌龙 | 48.3 | 17.5 | 4.2 | 3.4 |
| 九龙袍 | 49.9 | 18.8 | 4.1 | 3.2 | 八仙茶 | 52.6 | 18.0 | 4 | 4.2 |
| 春兰 | 51.4 | 15.6 | 5.7 | 3.7 | 肉桂 | 52.3 | 17.7 | 3.8 | 3.1 |
| 早春毫 | 48.1 | 9.8 | 6 | 3.4 | 早逢春 | 46.2 | 14.7 | 4.6 | 2.9 |
| 金牡丹 | 49.6 | 18.6 | 5.1 | 3.6 | 红芽佛手 | 49.0 | 16.2 | 3.1 | 3.1 |
| 瑞香 | 51.3 | 17.5 | 3.9 | 3.7 | 白芽奇兰 | 48.2 | 16.4 | 3.6 | 3.9 |
| 福云 20 号 | 50.6 | 18.8 | 3.9 | 3.4 | 九龙大白茶 | 44.1 | 13.0 | 4.1 | 3.6 |
| 黄玫瑰 | 49.6 | 15.9 | 5 | 3.3 | 凤圆春 | 42.7 | 14.5 | 5.2 | 3.7 |
| 紫牡丹 | 48.6 | 18.4 | 5 | 4.3 | 杏仁茶 | 45.4 | 15.6 | 4.7 | 3.7 |
| 紫玫瑰 | 48.4 | 16.3 | 6.2 | 3.1 | 霞浦元宵茶 | 47.3 | 16.5 | 4.5 | 3.5 |
| 福鼎大白茶 | 49.8 | 14.8 | 4 | 3.3 | 霞浦春波绿 | 42.7 | 17.2 | 4.0 | 3.1 |

注：由农业部茶叶质量监督检验测试中心检测

## 三、不同品种间的亲缘关系

采用 RAPD 分子标记方法对 40 个品种之间的亲缘关系分析，40 个福建茶树品种、福建 15 个绿茶品种、福建 25 个乌龙茶品种聚类图分别见图 5－1、图 5－2、图 5－3。

1. 福建 40 个茶树品种聚类分析

从图 5－1 可知，早春毫与其他 39 个品种遗传距离最远，早春毫是迎春的后代，而迎春从广东凤凰水仙群体种中育成，其叶片大、芽期早、树型等性状与凤凰水仙相似，与其他品种在形态特征上有较大差异。政和大白茶、霞浦元宵茶、悦茗香 3 个品种与其

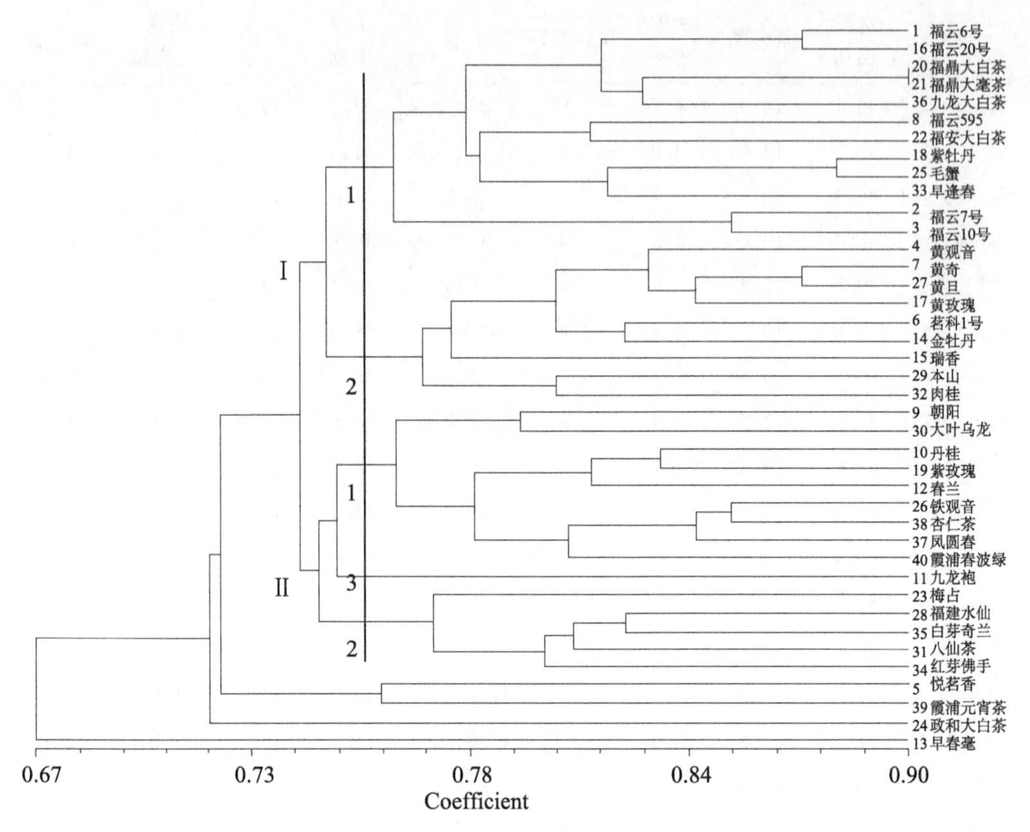


**图 5-1 福建 40 个茶树品种聚类分析**

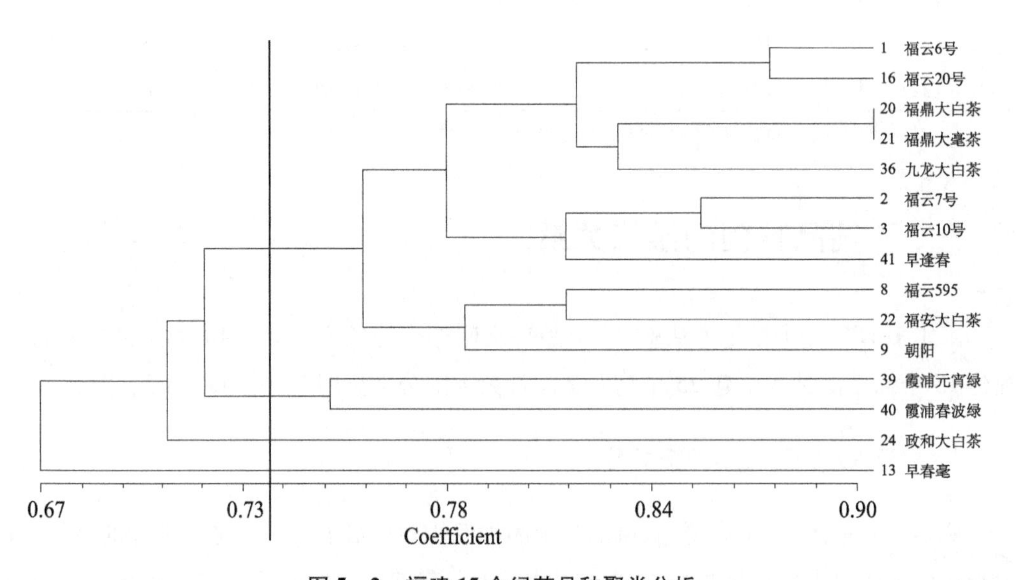


**图 5-2 福建 15 个绿茶品种聚类分析**

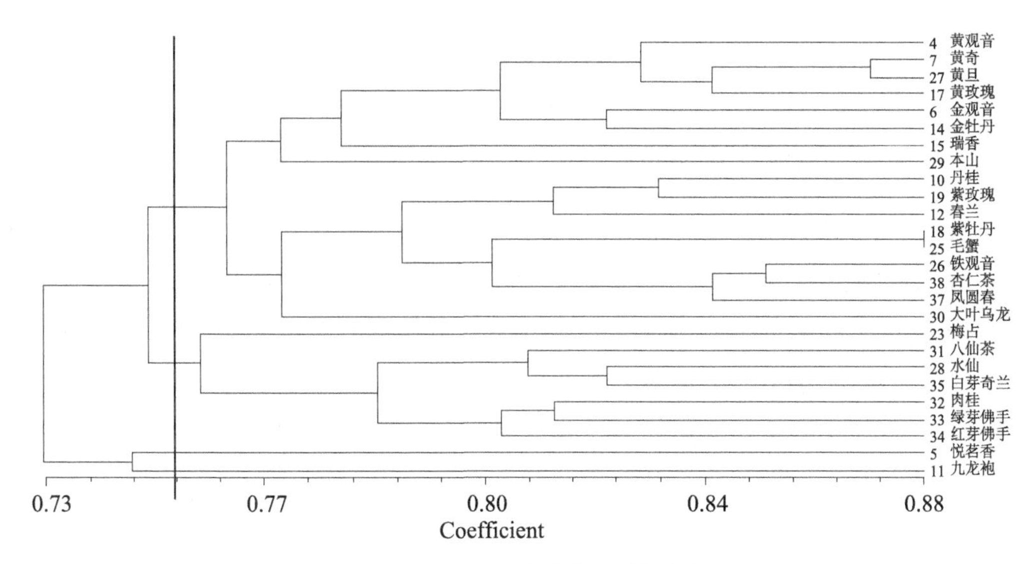


**图 5－3　福建 25 个乌龙茶品种聚类分析**

他品种遗传距离也较远，它们的地理来源和形态特征都有明显的差异，如政和大白茶原产政和，为小乔木型，分枝稀，芽梢肥壮，叶片大，叶质厚脆，开花不结籽；霞浦元宵茶来自霞浦，特早生，分枝较稀，产量中等，抗寒性较弱；悦茗香从安溪赤叶观音有性后代中育成，老叶呈“灰绿色”。

其他 36 个品种可以聚合为两大类群：

第一类群包含 3 小类。第一小类有朝阳、大叶乌龙、丹桂、紫玫瑰、春兰、铁观音、杏仁茶、凤圆春、春波绿等 9 个品种。这一类群与铁观音相近，其中，大叶乌龙、凤圆春、杏仁茶与铁观音来源于安溪，从聚类图中可以看出凤圆春、杏仁茶的遗传距离与铁观音非常接近，而它们的形态特征也相似；春兰、紫玫瑰都是铁观音后代。第二小类有梅占、福建水仙、白芽奇兰、八仙茶、红芽佛手，其中，福建水仙原产闽北建阳，其他均来自闽南；梅占与其它品种遗传距离相对较远，这可能与其特性有关（具有特殊的品种香且浓郁，分枝较稀疏）；梅占、福建水仙、红芽佛手均只开花不结果。九龙袍单独聚为一类，它从武夷山大红袍杂交后代中育成，芽梢紫红色。

第二类群包含 2 小类。第一小类群除了毛蟹和紫牡丹外，其他都是绿茶品种。其中，福云 6 号、福云 7 号、福云 10 号、福云 20 号、福云 595、九龙大白茶都是福鼎大白茶后代，而福鼎大白茶、福鼎大毫茶、早逢春都来源于福鼎。第二小类有本山、肉桂、黄旦及黄旦杂交后代黄观音、黄奇、黄玫瑰、茗科 1 号、金牡丹和瑞香。以上聚类结果基本体现了各品种的发源地、遗传背景及种性特征。

### 2. 福建 15 个绿茶品种聚类分析

福建 15 个绿茶品种，遗传距离远近与品种来源地有较大关系，母本来源于广东的早春毫离得最远，政和大白茶次之，霞浦春波绿和霞浦元宵绿比较接近，剩下的品种除朝阳外，大部分是福鼎大白茶、福安大白茶后代或者是来源于福鼎、福安。

3. 福建 25 个乌龙茶品种聚类分析

福建 25 个乌龙茶品种中，九龙袍、悦茗香与其他品种遗传距离较远，可能与品种形态特征和地理位置有关，悦茗香是安溪赤叶观音天然杂交后代、明显的形态特征是成熟叶片呈灰白色，形态上与其他品种有较大区别，九龙袍是大红袍的后代、紫芽种、芽期晚。其他 24 个乌龙茶品种可分成 2 个类群。第一个类群包含红芽佛手、绿芽佛手、肉桂、白芽奇兰、水仙、八仙茶、梅占等 7 个品种。第二类群包含 2 小类与 40 个品种聚类结果略有差别，第一小类与铁观音聚到一起，有大叶乌龙、凤圆春、杏仁茶、毛蟹、紫牡丹、春兰、紫玫瑰、丹桂等共 9 个品种，其中，凤圆春、杏仁茶、春兰、紫玫瑰、紫牡丹都是铁观音后代，大叶乌龙、毛蟹均来自安溪，只有丹桂是来自武夷山肉桂后代。第二小类与黄旦聚到一起，有本山、瑞香、金牡丹、金观音（茗科 1 号）、黄玫瑰、黄奇、黄观音等 8 个品种，其中本山和黄旦均来自安溪，其他都是黄旦杂交后代，聚类结果与亲缘关系吻合。

## 四、适合不同茶区的品种种植搭配方案

根据以上 40 个福建主栽茶树品种在各茶区的实际生产状况及上述观测、实验结果，提出以下福建不同茶区的品种种植搭配建议。

1. 乌龙茶区

乌龙茶品种选择搭配应根据闽南、闽北乌龙茶的加工技术、品质特点及产品风格定位，有所差别。

闽南乌龙茶区建议重点推广铁观音、白芽奇兰、佛手等极具有地方特色，市场占有率大的优良品种，并可选择搭配种植金观音、紫牡丹、瑞香、金牡丹、紫玫瑰、丹桂、杏仁茶等品种。闽南乌龙茶区，且与铁观音亲缘关系相近的早芽品种可选择春兰、丹桂，中芽品种可选择紫牡丹、紫玫瑰、凤圆春、毛蟹、大叶乌龙，迟芽品种可选择杏仁茶等。

闽北乌龙茶区建议适当降低水仙、肉桂等品种的比例，可选择搭配种植金牡丹、瑞香、黄玫瑰、九龙袍等品种。适宜生产闽北乌龙茶类，早芽品种可选择金观音、金牡丹、黄玫瑰、黄观音，中芽品种可选择黄奇等，迟芽品种可选择瑞香等。

有些品种既适合生产闽南乌龙茶又适合闽北乌龙茶，如金牡丹、瑞香、丹桂、金观音等。为了丰富当地茶树品种的遗传多样性和有利于产品拼配与丰富产品花色，乌龙茶区还应根据当地产品特色等进行种植搭配。早芽品种可选择八仙茶，中芽品种可选择佛手、梅占等，迟芽品种可选择白芽奇兰、肉桂、福建水仙等。

2. 绿茶区

绿茶品种原则上要选择多毫，氨基酸含量高、茶多酚含量低，滋味醇爽，持嫩性强的品种，还应根据不同造型产品（针形、扁形、卷曲形等）选择搭配芽梢性状相类似的品种。

绿茶区特早生品种可选择早春毫、霞浦元宵绿或霞浦春波绿等；早生品种可选择九龙大白茶、福安大白茶或福云595、福鼎大毫茶或福鼎大白茶、福云7号或福云10号等品种；中生种可选择福云20号等；晚生种可选择政和大白茶等。

传统绿茶区，闽东茶区应适当发展乌龙茶、白茶及绿、红茶兼用品种，降低福云6号比例；闽西茶区以发展台式乌龙、炒绿为主的高山茶、绿色食品茶。乌龙茶品种可搭配种植早生品种茗科1号（金观音）、春兰等，中生品种紫牡丹、紫玫瑰等，晚生品种瑞香、九龙袍、白芽奇兰等；绿茶可选择搭配种植早春毫、霞浦春波绿、九龙大白茶、福云20号等。高香型乌龙茶品种金观音、金牡丹、丹桂、瑞香、梅占、白芽奇兰等也可作为高档红茶、绿茶生产原料。

以上茶树品种搭配选择建议是基于福建茶树品种，不同茶树品种特性与优点的发挥要靠生产者（企业）在栽培管理、加工、拼配中不断摸索总结。省外很多新、优、特茶树品种，如安吉白茶、湖南保靖黄金茶、广东单枞类等品种，同样值得生产企业因地制宜引种开发。

3. 讨论

不同茶树品种的发芽期差异较大，其易受生长环境（纬度、海拔、气候等）、树龄、栽培条件、年份等影响。已有的茶树品种芽期数据大部分来源于原产地或选育地，难以体现来源地不同的茶树品种间真实的差异。大部分已经报道的文献也只是针对少数几个茶树品种同时进行芽期、生化成分检测和遗传多样性分析。本研究生育期观测结果与其他文献有所差异。本研究40个参试茶树品种树龄、生长环境、栽培管理等均一致，2年规范、客观的生育期观测、生化成分检测及遗传多样性鉴定，获得的数据准确可靠，可为茶树不同品种芽期、遗传多样性等研究提供可靠的依据，并对茶叶生产的品种选择与搭配具有现实指导意义。

鉴定结果表明福建乌龙茶、绿茶品种生育期早晚分别相差 20 d、35 d，品种间显著的芽期差异为品种合理搭配提供有力支持。茶叶生化成分是决定茶叶产品风味的重要物质基础，通过 2 年生化成分检测结果，可为应用福建茶树品种进行产品研发提供一定的参考。遗传多样性分析发现福建茶树品种遗传多样性较高，这与福建丰富的茶树种质资源相吻合。茶树遗传多样性主要来自茶树的有性杂交以及品种发源地不同地理环境和生态条件造成的茶树遗传变异与进化。本实验的遗传聚类结果为生产用种的遗传多样性选择提供重要的参考依据。

茶树良种早中晚合理搭配，以减少不良气候对生产的影响及减轻生产与加工压力，同时要加强不同品质风格品种的搭配，以利于产品原料拼配和品质互补，丰富产品花色。

## 第二节　有机茶园茶树品种选择技术

### 一、有机茶的品种要求

由于广大茶叶生产者对生态保护意识淡薄，只求数量，质量意识普遍不强，缺乏科学规划，加上资金和技术等制约，片面追求短期利益，对茶园资源进行掠夺性开发利用，用地和养地相脱节，导致水土流失加剧，茶园水土流失严重，土壤理化性状恶化，肥力下降，经济效益低下，低产低质茶园仍占相当比重，茶叶农药残留超标，茶园环境污染等一系列生态失衡问题，有碍于茶产业的可持续发展。为了保护农村特别是广大茶区的生态环境，减少和防止由于使用农药、化肥等带来的污染，促进农村特别是广大茶区的社会、经济和环境的可持续、健康发展，向社会持续提供高品质、无污染的茶叶及茶制品，发展有机茶的生产、贸易和消费是必由之路。

有机茶是在原料生产中遵循自然规律和生态学原理，采取有益于生态和环境的可持续发展的农业技术，而不允许使用化肥、生长调节剂、农药、基因改良工程等技术，在加工过程不使用合成的食品添加剂的茶叶及相关产品。有机茶要求高于低农残茶、绿色食品茶，它是农业部提倡发展的一种特殊产品，是一种安全、环保、优质、时尚的饮品。

有机茶园应选择能适应当地的环境条件的优良品种，并表现出多抗性，品种搭配应保持遗传多样性。禁止使用基因改良工程生产的种子和苗木。

## 二、有机茶茶园茶树品种选择技术

良种不是万能的，有它的时效性（育种技术水平，与时俱进的品种需求）和局限性（区域性、适制性，品种种性决定）。品种应适应推广应用地气候、土壤和茶类，并对当地主要病虫害有较强的抗性，且要高产、优质，关键是能高效生产。

新品种能否种植（种活）主要是气温，看品种管理部门所确定的适宜推广范围，还要考虑本地小环境是否符合该品种的要求。新品种能否高效种植，要靠品种特性、配套栽培及加工技术等。可先少量引种示范（示范过程中要进一步完善、总结该品种在当地的配套栽培及加工技术等），综合表现好，再逐步扩大应用。

因为农业具有较强的区域性，选择品种首先要适应当地气候、土壤和茶类生产条件，并关键能体现高效生产。无性繁殖、优质、高产、多抗性、多样性、高效低耗、苗木质量检验和病虫害检疫、良种良法等是茶树良种的选用原则。其次结合有机茶的特性要从以下几个方面着手：选择抗性强的品种，耐贫瘠，早中晚搭配、优化品种结构，建立特色化茶类结构、突显产品差异性。

### 1. 选择抗性强的品种

茶树作为一种多年生作物，生长过程中易遭受外界环境因素的胁迫，如寒害、旱害、病虫害等。这些环境因子有时单独发生，有时协同作用，对茶树造成很大的伤害，轻则减产降质，重则死亡。有机茶生产，严格遵循自然规律和生态学原理，采取有益于生态和环境的可持续发展的农业技术，其生产过程禁止使用任何人工合成的农药、化肥、除草剂、添加剂和转基因技术，只能使用有机肥料培肥土壤，采用农业、生物、物理方法控制病虫害和抵抗外界的不利环境因素，因此要求品种自身的遗传因素来抵御胁迫，即选择抗性强的品种。

根据茶树品种抗性机制的研究表明：①抗寒性与其叶片结构及叶片的化学物质含量密切相关，抗寒性强的品种叶肉组织发达，分化程度高，栅栏组织的厚度大、层次多、排列紧密，细胞较小；角质层较厚，栅栏组织厚，叶肉厚、栅栏组织厚和海绵组织厚比值高的抗寒性强。②抗旱型品种叶片具有高的水势、气孔扩散阻力、相对膨压、脯氨酸和叶片表皮蜡质含量以及较低的蒸腾速率和水分饱和亏值。③茶树抗病虫在形态学方面主要表现为茶树的形态、解剖或机能上的特征，阻止或减少了病原物的侵人，茶树的形态特征对昆虫和病原菌的影响最重要的是树体的表面结构，包括芽叶颜色、茸毛的有无及长度、密度，角质层、蜡质层的厚薄以及组织的含水量等。据张贻礼等研究发现，茶假眼小绿叶蝉在黄绿色的新梢比深色的新梢上虫口密度要大些。因此，黄绿色的新梢更易引诱小绿叶蝉为害，茶丽纹象甲对黄绿色叶片比绿色的叶片为害重。另外，黄绿色芽叶也易招致黑刺粉虱危害。谭济才等在研究中指出蚜虫对发芽较早的白毫早、福鼎大白茶等为害较重，鸠坑、政大等中晚发芽品种则受害较轻。据陈雪芬报道，发芽早的茶树品种芽枯病发生严重，而处于芽膨胀尚未展开时期的品种，其发病率较低，表现出较强的抗性。刘奕清、徐泽研究发现抗性品种的下表皮较厚，角质化程度也高，下表皮增厚对害虫口针刺吸食物有阻碍效应，具有机械保护作用。另外，叶片单位面积气孔数量多（即气孔密度大），有利于害螨的取食，品种的抗螨性减弱。谭济才在研究茶树品种对螨类的抗性指出，白毫早、毛蟹等品种由于茸毛多而密，螨类发生较少。

另外，茶树生理生化基础对抗病性的影响：咖啡碱含量较高的品种其抗虫性良好，茶树新梢中所含的谷氨酸、丙氨酸、甘氨酸、丝氨酸、胱氨酸、苏氨酸等在较高浓度条件下能使昆虫产生拒食反应，所以这类氨基酸含量高时茶树抗虫性就强。抗虫茶树品种新梢中可溶性糖含量均明显低于感虫品种。黄亚辉、张觉晚等研究认为，茶多酚含量高的茶树品种被害指数低，可能是茶多酚有浓烈的苦涩味和收敛性，引起害虫的拒食，另外茶多酚可加速食痕边缘的褐化，从而起到保护作用。此外，抗虫茶树品种的叶片所释放的挥发性碳氢化合物可以驱避害虫，如皂苷、酚醛、生物碱、类黄酮、萜内酯等。茶树受害虫和病原菌危害后，酚氧化酶、过氧化物酶、苯丙氨酸解氨酶、蛋白质水解酶等酶的活性都有不同程度的提高。一般来说，抗性较强的品种比抗性较弱的品种提高的幅度要大。

总之，了解茶树品种资源中抗性现状，可以选择具有持久、稳定抗性的种质和兼抗2 种以上病虫的种质，以减少农药的使用次数和数量，便于开展有机茶生产。

茶树良种的选择应当优先考虑适应当地气候、土壤和茶类生产条件，其次应考虑不同遗传特性良种的搭配，良种的品质、产量、制优率等特性。有机茶生产禁止采用基因工程选育繁育的种子和苗木。种子和苗木应来自有机农业生产系统，但在有机生产的初始阶段无法得到认证的有机种子和苗木时，可使用未经禁用物质处理的常规种子与苗木。种苗质量应符合 GB11767 中规定的 1、2 级标准。

#### 2. 耐贫瘠

福建省大部分茶园位于丘陵山地上，由于茶园建园时不够标准，建园后水土保持措施又跟不上，加上福建季节性雨水集中，且分布不均，多台风暴雨，造成绝大部分茶园存在遭受雨水冲刷而引发不同程度的土、肥水流失问题，导致茶园有效土层变薄，土体日趋板结，土壤肥力不断下降，严重影响了茶园的产出功能和持续生产能力，此时，有机茶园增施有机肥成为生产中为保持茶叶产量稳定而普遍采用的措施。长期施用单一有机肥的茶园比常规施用化肥的茶园减产10%～40%。因此，施肥技术及养分稳定供给仍是目前有机茶生产中较薄弱的环节。为此，有机茶园建园时要求选择品种耐贫瘠能力强。

3. 品种适制性与当地气候、地理条件、主产茶类相一致

福建省自然条件优越，水热资源适宜茶树生长。全省山区丘陵地带约为81%，一般坡度在10°～30°，土壤多为红、黄壤，土壤发育剖面良好、土层深厚等，这些良好的生态环境对茶树生长产生重大影响。福建省茶类生产适制性大，福建省有机认证的茶叶产品主要有乌龙茶、白茶、绿茶和红茶等茶类，产品主要销往北京、上海、广州和港、澳、台等大中城市及欧美、东南亚等地区。因此，要做到选择茶树良种对环境条件的要求与当地条件相适，并具有高产、优质、抗性强等特性的优良品种。传统历史名茶要有特定的品种，芽叶外部特征和生化含量及组成要相似。

4. 早中晚合理搭配，优化品种结构

原则上选用芽叶色泽、百芽重一致或相近的品种进行搭配。同时要加强不同遗传特性、品质风格品种的搭配。不同品质风格品种搭配，利于产品原料拼配和品质互补，丰富产品花色。同时通过不同品种的品质成分的协同作用，如香气高的、滋味甘美的或汤色浓艳的品种，茸毛的多少及叶形等进行品种组合，使得鲜叶原料取长补短，以提高产品的质量。一个大型茶场宜6～7个品种，主导品种2～3个，主导品种约占70%。不同的茶树品种，发芽迟早、生长快慢、内含品质成分等差异较大。品种的发芽期错开，调节开采期，便于劳动力和加工设备安排，缓和人员和机具紧张局势。早芽品种应占60%左右，中芽品种占30%，晚生品种占10%左右。不同抗性品种搭配，减轻毁灭性灾害，如特早生种怕早春寒危害，黄白色新梢品种抗寒、旱能力弱。

5. 优化特色化茶类结构，突出地区间的差异性

由于福建省茶树良种众多，大多的产茶县（场）特别是多茶类生产区的茶树良种种植过于繁杂，主栽良种不突出，对热销产品盲目跟从，造成市场压力，缺乏地方特色。单茶类区（茶场）的良种宜为4～5个，多茶类区（茶场）可增加至7～8个，主栽良种都不宜超过3个，形成有地方特色茶的龙头产品。这样才有利品牌的建立和市场竞争。

种苗必须选用无病虫危害、生长健壮的无性系茶苗。绿茶区应选择发芽早、氨基酸含量高、酚氨比值低的福鼎大毫茶、福云 20 号、春波绿、黄旦等品种；乌龙茶应选择铁观音、茗科 1 号、金牡丹、丹桂、瑞香等品种。有条件的茶场可种植多茶类兼制品种，增强对市场需求的应变能力，提高生产效益。对原来有一部分乌龙茶品种，并具备乌龙茶加工基础和条件的茶区，通过茶叶品种结构的调整，调整茶类结构，减少大宗绿茶比重，对绿茶加工工艺进行适当改革（如适度嫩采，轻度萎凋，烘炒结合等），新开发生产一些名优特种绿茶；开发生产具有新品种特色的名优乌龙茶。

# 主要参考文献


[1] 江昌俊．茶树育种学［M］．北京：中国农业出版社，2009.

[2] 陈亮，杨亚军，虞富莲，等．茶树种质资源描述规范和数据标准［M］．北京：中国农业出版社，2005.

[3]《中国茶树品种志》编写委员会．中国茶树品种志［M］．上海：上海科学技术出版社，2001.

[4] 宛晓春．茶叶生物化学［M］．北京：中国农业出版社，2003.

[5] 陈亮，姚明哲，王新超，等．农作物优异种质资源评价规范—茶树［M］．北京：中国农业出版社，2011.

[6] 陈亮，虞富莲，杨亚军，等．农作物种质资源鉴定技术规程—茶树［M］．北京：中国农业出版社，2007.

[7] 唐一春，宋维希，矣兵，等．低咖啡碱茶树种质资源的鉴定及评价［J］．西南农业学报，2010，23（4）：1051-1054.

[8] 张湘生．地方珍稀茶树良种—黄金茶的利用现状与前景［J］．茶叶通讯，2006（6）：4-6.

[9] 王平盛，虞富莲．中国野生大茶树的地理分布、多样性及其利用价值［J］．茶叶科学，2002，22（2）：105-108.

[10] 王会．早生优质和特异性状茶树品种资源筛选及 RAPD 分子标记分析［D］．杭州：浙江大学，2006：1-5.

[11] 王开荣．新梢白化系列茶树新品系性状比较研究［J］．茶叶，2006，32（1）：22-24.

[12] 苏峰．宁德市茶树品种结构调整的现状与措施［J］．茶叶科学技术，2008（1）：40- 41.

[13] 赵和涛．台湾茶树育种工作概况［J］．台湾农业情况，1990（4）：28-29.

[14] 陈亮，杨亚军，虞富莲．中国茶树种质资源研究的主要进展和展望［J］．植物遗传资源学报，2004，5（4）：389-392.
[15] 王文杰．现阶段茶树良种工作的方向分析［J］．茶叶通讯，1999（2）：28-30.
[16] 王丽鸳，成浩，周健．茶树DNA分子标记及基因工程研究进展［J］．茶叶科学，2004，24（1）：12-17.
[17] 曾贞，罗军武．茶树育种早期鉴定遗传标记研究进展［J］．茶叶通讯，2005，32（4）：4-9.
[18] 廖琼满．安台茶业合作回顾与思索［J］．福建茶叶，2001（4）：34-35.
[19] 杨江帆．论建立海峡西岸茶叶特色区域［J］．福建茶叶，2005（1）：31-32.
[20] 管曦．闽台茶产业合作前景展望［J］．茶叶科学技术，2005（3）：4-6.
[21] 刘民乾编著．优质茶叶生产实用技术［M］．北京：中国农业科学技术出版社，2011.
[22] 尤志明，郭吉春．福建茶区茶树品种的搭配种植［J］．中国茶叶，2008（11）：7-9.
[23] 姜燕华，段云裳，王丽鸳，等．福建茶树品种的SSR分析及其人为选择的影响［J］．浙江林业科技，2010，33（3）：12-16.
[24] 叶乃兴，杨如兴，郭吉春，等．福建茶树遗传资源的多样性和品种创新［J］．福建农林大学学报（自然科学版），2004，33（2）：174-177.
[25] 毛迎新，邹武，马新华，等．福建主要茶树品种间假眼小绿叶蝉种群动态及其抗虫性比较［J］．华中农业大学学报，2009，28（1）：16-19.
[26] 马新华，邹武，毛迎新，等．福建茶树害螨发生动态及其与茶树品种理化特性的相关性分析［J］．华东昆虫学报 2007，16（3）：196-201.
[27] 余文权．福建茶树品种发展现状与结构优化［J］．福建茶叶，2004（3）：36.

# 附　录

## 附录 1　茶树品种权保护申请范例

### 品种权申请请求书

<table>
<tr><td colspan="3"></td><td>此框由农业部植物新品种保护办公室填写</td></tr>
<tr><td colspan="3" rowspan="2">5 品种暂定名称（中英文）<br>皇冠茶　huang guan cha</td><td>1 申请日</td></tr>
<tr><td>2 申请号</td></tr>
<tr><td colspan="3" rowspan="2">6 品种所属的属或者种的中文和拉丁文<br>山茶属茶组 Camellia L. Section Thea（L.）Dyer</td><td>3 优先权日</td></tr>
<tr><td>4 分案提交日</td></tr>
<tr><td colspan="4">7 培育人<br>陈常颂</td></tr>
<tr><td rowspan="12">8 申请人</td><td rowspan="5">①代表</td><td colspan="2">姓名或名称：陈常颂　　国籍或所在国（地区）：中国福建</td></tr>
<tr><td colspan="2">组织机构代码或自然人身份证号：352625××××××××411</td></tr>
<tr><td colspan="2">地址：福建省福安市福新路 1 号　　邮政编码：355000</td></tr>
<tr><td colspan="2">联系人：陈常颂　　电话：0593－6611980　　传真：0593－6610388</td></tr>
<tr><td colspan="2">手机：13706044683　　E-mail：ccs6536597@163.com</td></tr>
<tr><td rowspan="4">②</td><td colspan="2">姓名或名称：　　国籍或所在国（地区）：</td></tr>
<tr><td colspan="2">组织机构代码或自然人身份证号：</td></tr>
<tr><td colspan="2">地址：　　邮政编码：</td></tr>
<tr><td colspan="2">联系人：　　电话：　　传真：</td></tr>
<tr><td rowspan="3">③</td><td colspan="2">姓名或名称：　　国籍或所在国（地区）：</td></tr>
<tr><td colspan="2">地址：　　邮政编码：</td></tr>
<tr><td colspan="2">联系人：　　电话：　　传真：</td></tr>
</table>

<table>
<tr><td rowspan="3">9<br>代理<br>机构</td><td colspan="4">代理机构名称： 组织机构代码：</td></tr>
<tr><td colspan="4">地址： 邮政编码：</td></tr>
<tr><td colspan="4">代理人姓名： 联系电话：</td></tr>
<tr><td colspan="5">10 品种暂定名称<br>皇冠茶</td></tr>
<tr><td>11<br>新颖性<br>说明</td><td colspan="4">[√] 未销售 [ ] 已销售<br>[ ] 中国境内：于______年______月______日在______（地点）开始销售。<br>[ ] 中国境外：于______年______月______日在______（地点）开始销售。</td></tr>
<tr><td rowspan="9">12<br>其<br>他</td><td colspan="4">品种的主要培育地 福建省福安市</td></tr>
<tr><td colspan="4">保密请求 [ ] 本品种涉及国家安全或者重大利益，请求保密处理</td></tr>
<tr><td rowspan="3">是否属于转基因品种</td><td colspan="3">[ ] 是 [√] 否</td></tr>
<tr><td>转基因生物名称</td><td>转基因安全证书编号</td><td>亲本/组合</td></tr>
<tr><td></td><td></td><td></td></tr>
<tr><td rowspan="4">品种审定情况</td><td colspan="3">[ ] 通过国审 [ ] 通过省审 [ ] 正在报审 [√] 未报审</td></tr>
<tr><td colspan="3">国/省 | 审定名称 | 审定证书编号 | 亲本/组合</td></tr>
<tr><td colspan="3"></td></tr>
<tr><td colspan="3"></td></tr>
<tr><td colspan="3">13 申请文件清单</td><td colspan="2">14 附加文件清单</td></tr>
<tr><td colspan="3">（1）请求书 2 份 每份 2 页<br>（2）说明书 2 份 每份 4 页<br>（3）照片及其简要说明 2 份 每份 2 页<br>（4）申请公告表 2 份 每份 1 页</td><td colspan="2">[ ] 代理委托书<br>[ ] 转基因安全证书复印件</td></tr>
<tr><td colspan="5">15 申请人或代理机构签章 申请人及代理机构承诺：所有申请材料真实准确，并承担因虚假申报材料产生的全部责任。</td></tr>
<tr><td colspan="5">16 收件人信息<br>邮政编码：355000<br>收件人单位和地址：福建省农业科学院茶叶研究所 福安市福新路 1 号<br>收件人：陈常颂</td></tr>
</table>

# 填写注意事项

一、本表应使用中文填写，表中文字应当打印或者印刷，字迹呈黑色并整齐清晰。文字部分应当横向书写。外国人名、地名无统一中文译文时，应同时注明原文。

二、本表中方格“□”供填表人选择使用，若有方格后所述内容的，应在方格内标上“×”号。

三、本表中所有地址栏，国内地址应写明省（直辖市或者自治区）、市、区、街道、门牌号码、邮政编码；外国人地址应写明国别、州（市、县），邮政编码。

四、本表第1－4栏由农业部植物新品种保护办公室填写。第5栏品种暂定名称，应当按《农业植物品种命名规定》要求命名。

五、本表第7栏培育人应当是对本申请品种的培育作出创造性贡献的自然人。培育人有两个以上的应自左向右依次填写。培育人排名不分先后。

六、本表第8栏申请人可以是法人或自然人。申请人是法人的，应填写单位全称，并与公章中的名称一致；申请人为自然人的，应填写本人真实姓名，不得使用笔名等。有多个申请人又未委托代理机构的，应当指定其中一个为申请人代表，代表人为单位的还应当填写单位联系人姓名。申请人排名不分先后。

七、培育人、申请人填写不下时，应使用农业部植物新品种保护办公室统一制定的附页续写。

八、本表第9栏，应填写代理机构名称。代理机构指定代理人不得超过两人。

九、本表第11栏，如果申请品种已销售，应当详细写明销售具体时间和地点。

十、本表第12栏，应当填写申请品种的主要培育地点；如需请求保密的应注明；属于转基因品种的，应注明转基因生物安全审批书号及名称；已审定的品种，应注明审定类别、审定名称、审定证书编号及亲本组合，省审写明省名，多省审定的可另附表。

十一、申请人应当按实际提交的文件名称、份数、页数正确填写本表第13、14栏，农业部植物新品种保护办公室将按实收的文件的数量逐项核实。

十二、申请人委托代理机构的，在本表第15栏应盖代理机构公章。申请人未委托代理机构的，本表第15栏应由全体申请人签字或者盖章，申请人为单位的，加盖单位公章。请求书中申请人或者代理机构的签字或盖章应使用原件，不得使用复印件。

十三、本表第16栏用于农业部植物新品种保护办公室与申请人进行信函联系的通信地址。委托代理机构的，收件人地址应填写代理机构地址和名称，收件人填写代理人姓名。未委托代理机构的，收件人地址应填写申请人指定联系人的通讯地址，指定联系人有单位的，还需要填写单位名称。

十四、本表纸张大小为 A4（210 mm × 297 mm），只限单面使用，重量不低于 70 g/m$^2$。提交时一式两份，不得折叠。

# 说　明　书

## 品种暂定名称：皇冠茶

**一、申请品种所属的属或种的中文名称和拉丁文名称**

山茶属茶组 *Camellia* L. *Section Thea*（L.）Dyer

**二、申请品种的选育背景、育种过程和育种方法，包括系谱、培育过程和所使用的亲本或其他繁殖材料来源与名称的详细说明**

白鸡冠茶是武夷岩茶最具代表性的茶叶之一。白鸡冠为武夷山四大名枞之一，无性系，灌木型，中叶类，晚生种，产量较低。白鸡冠每轮新梢均呈金黄色，具有较强的观赏价值，在观光茶园等有一定的应用价值；白鸡冠乌龙茶干茶色泽米黄呈乳白，泡出来的茶汤橙黄色，叶底黄绿明亮，具有一定欣赏价值。为选育生育期早、产量高、观赏性能与制茶品质优的特色茶树新品种，故选用白鸡冠作为杂交母本。

福建省农业科学院茶叶所科技人员 2002 年 11 月有选择的采收二号山白鸡冠自然杂交创新种子 200 多粒（白鸡冠母树周边为高香、早生的丹桂等品种），2003 年 2 月播种。2004—2006 年进行芽梢色泽、生长势、田间自然抗性等观测，筛选出新梢黄化、生长势与抗性较强的单株 15 株。2007—2009 年对初步筛选的 15 个单株进行挂牌定点定期观测春梢生育期，开展小样茶类（绿茶、乌龙茶）适制性鉴定，并扦插繁育综合性状优特的单株。2010—2012 年在同一生境与栽植条件下，对同一树龄的这些优特材料继续进行春梢生育期观测（新梢发芽期每隔 1 d 观察 1 次，每种质随机选择 15 株，每株选择 2 个芽梢固定观察，以达标 30% 为标准）、产量（春茶为主）与制茶品质鉴定（样品由专家按 NY/T 787—2009 进行密码感官审评或送专业部门进行审评）、生化成份检测（水浸出物 GB/T 8305-2002，茶多酚 GB/T 8313-2008，咖啡碱 GB/T 8312-2002，氨基酸 GB/T 8314-2002）、苗木无性扩繁等。

**三、选择的近似品种及理由**

1. 选择的近似品种名称：白鸡冠

2. 选择近似品种的理由：近似品种为申请品种母本，除特异性状外，由品种和近似品种的其他形态特征相似。

**四、有关销售情况的说明**

没有进行销售。

**五、申请品种特异性、一致性和稳定性的详细说明**

1. 特异性

申请品种一芽一叶期中等，新梢芽茸毛密度中等，生长势较强；叶色浅绿色，叶缘平，主脉明显且呈“浅绿色”；花柱较长。申请品种经多年鉴定，制绿茶汤色黄绿明亮，花香较显，滋味较醇爽，叶底软黄明亮，品质优于绿茶对照种福鼎大白茶。

近似品种白鸡冠一芽一叶期迟，新梢芽茸毛密度少，生长势较弱；叶色深绿色，叶缘微波，主脉明显且较“白”；花柱较短。

2. 一致性

皇冠茶系从白鸡冠自然杂交 F1 中单株选育而成，为无性系，采用扦插繁育，经多年重复观测，植株间性状表现一致，未发现“异株型”，满足茶树测试指南中关于一致性的要求。

3. 稳定性

从 2005 年至今对申请品种韩冠茶母株和短穗扦插植株的对比观测，结果表明，母株与短穗扦插植株的所有性状均表现一致，符合茶树测试指南中关于稳定性的要求。

**六、适于生长的区域或环境以及栽培技术的说明**

1. 适于生长的区域或环境

福建中低海拔绿茶区。

2. 栽培技术说明

按茶树常规栽培，适当增施有机肥；幼龄茶园适当加强抗寒管理。

**七、申请品种与近似品种的性状对比表**

申请品种所属的属或种已有测试指南的，按照相应植物属或种的技术问卷填写；没有测试指南的，提供申请品种和近似品种的相应植物学性状及农艺性状对比表（见附表）。

**附表　申请品种和近似品种的性状对比**

| 序号 | 性状 | 性状描述代码 | | | | | | | | | 特性值 | |
|---|---|---|---|---|---|---|---|---|---|---|---|---|
| | | 1 | 2 | 3 | 4 | 5 | 6 | 7 | 8 | 9 | 申请品种 | 近似品种 |
| 1 | 生长势 | | | 弱<br>龙井<br>瓜子 | | 中<br>龙井<br>43 | | 强<br>云抗<br>10 号 | | | 5 | 3 |
| 2 | 树型 | 灌木<br>龙井<br>43 | | 小乔木<br>黔湄<br>419 | | 乔木<br>云抗<br>10 号 | | | | | 1 | 1 |

（续表）

| 序号 | 性状 | 性状描述代码 | | | | | | | | | 特性值 | |
|---|---|---|---|---|---|---|---|---|---|---|---|---|
| | | 1 | 2 | 3 | 4 | 5 | 6 | 7 | 8 | 9 | 申请品种 | 近似品种 |
| 3 | 树姿 | 直立<br>碧云 | | 半开张<br>寒绿 | | 开张<br>英红1号 | | | | | 3 | 3 |
| 4 | 分枝密度 | | | 稀<br>云抗10号 | | 中<br>碧云 | | 密<br>藤茶 | | | 5 | 4 |
| 5 | 枝条“之”字形 | 无 | | | | | | | | 有 | 1 | 1 |
| 6 | 一芽一叶始期 | | | 早<br>龙井43 | | 中<br>碧云 | | 晚<br>黔湄419 | | | 5 | 7 |
| 7 | 一芽二叶期第2叶颜色 | 白色 | 黄绿色 | 淡绿色 | 中绿色 | 紫绿色 | | | | | 1 | 1 |
| 8 | 新梢芽茸毛 | 无 | | | | | | 有 | | | 4 | 3 |
| 9 | 新梢芽茸毛密度 | | | 稀<br>龙井43 | | 中<br>碧云 | | 密<br>云抗10号 | | | 4 | 3 |
| 10 | 新梢叶柄基部花青甙显色 | 无 | | | | | | | | 有 | 1 | 1 |
| 11 | 一芽三叶长 | | | 短<br>锡茶11号 | | 中<br>龙井43 | | 长<br>黔湄419 | | | 5 | 3 |
| 12 | 叶片着生姿态 | 向上<br>龙井43 | | 向外<br>藤茶 | | 向下 | | | | | 1 | 1 |
| 13 | 叶片长度 | | | 短<br>龙井瓜子 | | 中<br>碧云 | | 长<br>黔湄419 | | | 5 | 4 |
| 14 | 叶片宽度 | | | 窄<br>藤茶 | | 中<br>黔湄419 | | 长<br>云抗10号 | | | 5 | 4 |
| 15 | 叶片形态 | 披针形<br>藤茶 | 窄椭圆形 | 中椭圆形<br>黔湄419 | 宽椭圆形 | | | | | | 2 | 2 |

（续表）

| 序号 | 性状 | 性状描述代码 | | | | | | | | | 特性值 | |
|---|---|---|---|---|---|---|---|---|---|---|---|---|
| | | 1 | 2 | 3 | 4 | 5 | 6 | 7 | 8 | 9 | 申请品种 | 近似品种 |
| 16 | 叶片绿色深浅 | 很浅 | 浅 | 中<br>锡茶11号 | 深<br>杨树林783 | | | | | | 3 | 4 |
| 17 | 叶片横切面形态 | 内折<br>龙井瓜子 | 平<br>锡茶11号 | 背卷 | | | | | | | 1 | 1 |
| 18 | 叶片上表皮隆起性 | 平或弱<br>寒绿 | 中<br>藤茶 | 强<br>黔湄419 | | | | | | | 2 | 1 |
| 19 | 叶尖长度 | 短 | 中<br>云抗10号 | 长<br>藤茶 | | | | | | | 2 | 2 |
| 20 | 叶缘波折 | 无或极弱<br>云抗10号 | 中<br>藤茶 | 强 | | | | | | | 2 | 2 |
| 21 | 叶缘锯齿 | | | 弱<br>云抗10号 | | 中<br>英红1号 | | 长 | | | 5 | 5 |
| 22 | 叶基形状 | 楔形<br>云抗10号 | 钝<br>锡茶11号 | 平截形 | | | | | | | 1 | 1 |
| 23 | 盛花期 | | | 早<br>龙井43 | | 中<br>英红1号 | | 晚<br>黔湄419 | | | 5 | 5 |
| 24 | 花梗长度 | | | 短 | | 中<br>碧云 | | 长<br>杨树林783 | | | 5 | 5 |
| 25 | 花萼外部茸毛 | 无<br>龙井43 | | | | | | | | 有<br>黔湄419 | 1 | 1 |
| 26 | 花萼外部花青甙积累 | 无<br>龙井43 | | | | | | | | 有<br>碧云 | 1 | 1 |
| 27 | 花冠直径 | | | 小<br>杨树林783 | | 中<br>锡茶11号 | | 大<br>云抗10号 | | | 4 | 4 |

（续表）

| 序号 | 性状 | 性状描述代码 | | | | | | | | | 特性值 | |
|---|---|---|---|---|---|---|---|---|---|---|---|---|
| | | 1 | 2 | 3 | 4 | 5 | 6 | 7 | 8 | 9 | 申请品种 | 近似品种 |
| 28 | 内轮花瓣颜色 | 淡绿色 | 白色 | 粉红色 | | | | | | | 2 | 2 |
| 29 | 子房茸毛 | 无 | | | | | | | | 有 | 9 | 9 |
| 30 | 子房茸毛密度 | | | 稀 | | 中<br>龙井43 | | 密<br>黔湄419 | | | 7 | 7 |
| 31 | 花柱长度 | | | 短<br>杨树林783 | | 中<br>碧云 | | 长<br>锡茶11号 | | | 6 | 5 |
| 32 | 花柱分裂位置 | | | 低 | | 中 | | 高 | | | 5 | 5 |
| 33 | 雌蕊和雄蕊相对高度 | 低<br>云抗10号 | | 等高<br>黔湄419 | | 高<br>锡茶11号 | | | | | 3 | 3 |
| 34 | 发酵能力 | | | 弱<br>龙井43 | | 中<br>黔湄419 | | 强<br>云抗10号 | | | 7 | 7 |
| 35 | 咖啡因含量 | 无或很低 | 低 | 中 | 高 | 很高 | | | | | 4 | 3 |

# 茶树技术问卷

## 附　录 A
## （规范性附录）
## 茶树技术问卷

| 申请号： |
| --- |
| 申请日： |
| ［由审批机关填写］ |

（申请人或代理机构签章）

C. 1　品种暂定名称：　皇冠茶

C. 2　植物学分类

在相符的［　］中打✓。

C. 2. 1　拉丁名：　*Camellia L. Section Thea*（L.）Dyer

中文名：茶　组　　［✓］

C. 2. 2　其他

（请提供详细植物学名和中文名）

拉丁名：______________

中文名：______________

C. 3　品种特性

在相符的［　］中打✓。

C. 3. 1　开花特性

开花［✓］　　　不开花［　］

C. 3. 2　始花树龄

4 年以下［✓］　　4 年以上［　］

C. 3. 3　品种特点

申请品种为通过天然杂交获得的中生优质花香株系，新梢色泽为玉白色，与近似品种相比，在春梢生育期、生长势、叶色、主脉、叶缘、花柱长度等方面表现出明显的差异，同时经过 3 年的重复鉴定，该品种的感官审评结果呈现出稳定而明显的花香特征。

C. 4　申请品种的具有代表性彩色照片

C.5　其他有助于辨别申请品种的信息

（如品种用途、品质和抗性，请提供详细资料）

申请品种在福安通常春梢一芽一叶期4月上旬，一芽二叶期4月上中旬，一芽三叶期4月中旬。春茶一芽二叶干样约含氨基酸4.9%、水浸出物37.2%、茶多酚14.4%、儿茶素总量10.1%、咖啡碱3.8%。发芽密度密，叶片稍上斜状着生，芽叶黄绿色，芽叶茸毛中，叶形椭圆，叶脉7.5对，叶色绿，叶面微隆，叶缘平，叶齿锐度中，叶齿密度中，叶齿深度中等，叶身稍背卷，叶质中，叶尖渐尖，叶基楔形。产量较高，抗假眼小绿叶蝉能力强，适应性较强。制绿茶汤色黄绿明亮，花香较显，滋味醇爽，叶底软黄明亮，品质优于绿茶对照种福鼎大白茶。

C.6　品种种植或测试是否需要特殊条件？

在相符的［　］中打✓。

是［　］　　　　　否［✓］

（如果回答是，请提供详细资料）

C.7　品种繁殖材料保存是否需要特殊条件？

在相符的［　］中打✓。

是［　］　　　　　否［✓］

（如果回答是，请提供详细资料）

C.8　申请品种需要指出的性状

在表C.1中相符的代码后［　］中打√，若有测量值，请填写在表C.1中。

**表 C.1　申请品种需要指出的性状**

| 序号 | 性　状 | 表达状态 | 代　码 | 测量值 |
|---|---|---|---|---|
| 1 | 植株：树型（性状 2） | 灌木型 | 1 [ ✓] | |
| | | 小乔木型 | 2 [　] | |
| | | 乔木型 | 3 [　] | |
| 2 | 植株：树姿（性状 3） | 直立 | 1 [　] | |
| | | 半开张 | 3 [ ✓] | |
| | | 开张 | 5 [　] | |
| 3 | 枝条："之"字型（性状 5） | 无 | 1 [ ✓] | |
| | | 有 | 9 [　] | |
| 4 | 新梢：一芽一叶始期（性状 6） | 早 | 3 [　] | |
| | | 中 | 5 [ ✓] | |
| | | 晚 | 7 [　] | |
| 5 | 新梢：一芽二叶期第 2 叶颜色（性状 7） | 白色 | 1 [ ✓] | |
| | | 黄绿色 | 2 [　] | |
| | | 浅绿色 | 3 [　] | |
| | | 中等绿色 | 4 [　] | |
| | | 紫绿色 | 5 [　] | |
| 6 | 叶片：着生姿态（性状 12） | 向上 | 1 [ ✓] | |
| | | 水平 | 3 [　] | |
| | | 向下 | 5 [　] | |
| 7 | 叶片：长度（性状 13） | 短 | 3 [　] | |
| | | 中 | 5 [ ✓] | |
| | | 长 | 7 [　] | |
| 8 | 叶片：形状（性状 15） | 披针形 | 1 [　] | |
| | | 窄椭圆形 | 2 [ ✓] | |
| | | 中等椭圆形 | 3 [　] | |
| | | 阔椭圆形 | 4 [　] | |
| 9 | 花：花萼外部花青甙显色（性状 26） | 无 | 1 [ ✓] | |
| | | 有 | 9 [　] | |
| 10 | 花：花冠直径（性状 27） | 小 | 3 [　] | |
| | | 中 | 5 [ ✓] | |
| | | 大 | 7 [　] | |
| 11 | 花：雌蕊相对于雄蕊高度（性状 33） | 低于 | 1 [　] | |
| | | 等高 | 3 [　] | |
| | | 高于 | 5 [ ✓] | |

## 填写注意事项

一、照片的首页用此页，续页可用同样大小和质量相当的白纸。纸张只限单面使用，四周应留有空白，左侧和顶部各 2. 5 厘米，右侧和底部各 1. 5 厘米。

二、提交的照片应当符合以下要求。

1. 照片应有利于说明申请品种的特异性；

2. 申请品种和近似品种的同一种性状的对比应在同一张照片上；

3. 照片应当为彩色；

4. 照片规格为 8. 5 厘米 ×12. 5 厘米或者 10 厘米 ×15 厘米；

5. 在照片下面应当有照片的简要说明；

6. 照片的简要说明应当打印或者印刷，字迹应当整齐清晰、黑色；

7. 其他对理解该照片有帮助的说明；

8. 多于 2 张照片的，应使用“照片二的简要说明”格式添加。

三、本表纸张大小为 A4（210 cm ×297 mm），重量不低于 70 $g/m^2$。提交时一式两份，不得折叠。

# 照片及其简要说明

照片一的简要说明：

左侧为申请品种“皇冠茶”，叶色浅绿色，叶缘平，主脉明显且呈“浅绿色”；右侧为近似品种“白鸡冠”，叶色深绿色，叶缘微波，主脉明显且较“白”。

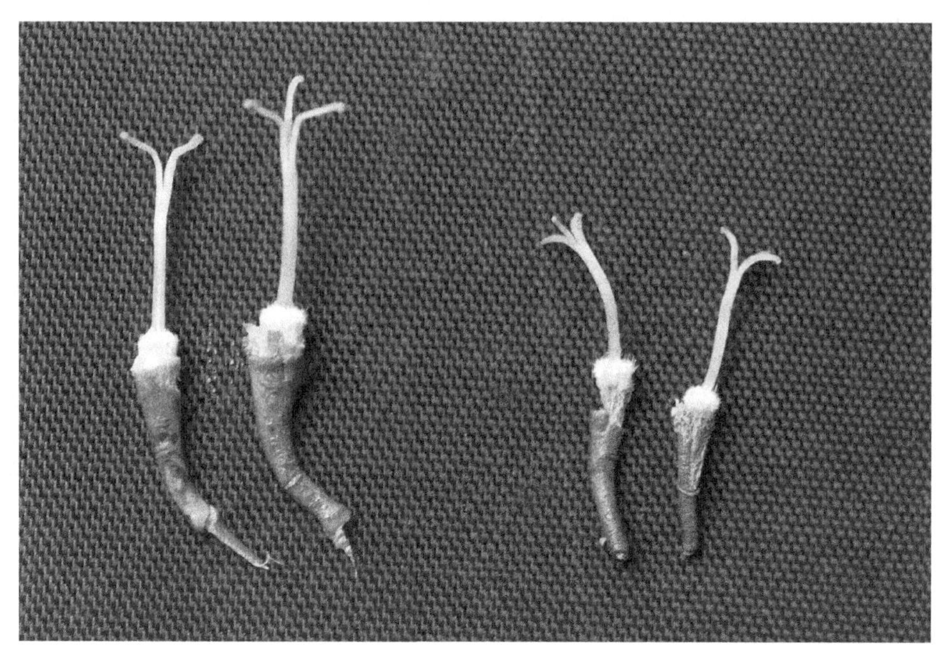

照片二的简要说明：

左侧为申请品种“皇冠茶”，花柱较长；右侧为近似品种“白鸡冠”，花柱较短。

照片三的简要说明：

申请品种皇冠茶（上图右）叶片平展、叶缘平，春梢生育期比近似品种白鸡冠早，新梢色泽更为艳丽（呈金黄色）；近似品种白鸡冠（上图左）叶片稍内折、叶缘微波。

# 品种权申请公告

| 品种暂定名称 | 皇冠茶 |
| --- | --- |
| 申请日 | |
| 申请号 | |
| 公告日 | |
| 公告号 | |
| 培育人 | 陈常颂 |
| 申请人 | 陈常颂 |
| 申请人地址 | 福建省福安市社口镇湖头洋1号 |
| 共同申请人 | 陈常颂、林郑和、游小妹、钟秋生、王秀萍 |
| 品种来源及培育过程 | 皇冠茶，育种代号为0306F，福建省农业科学院茶叶研究所从白鸡冠天然杂交F1代中采用单株育种法育成。2002年11月从本所二号山品种资源圃采收白鸡冠自然杂交种子200多粒，2003年2月进行播种，2005—2009年进行株系筛选、无性扦插繁育等，2010—2012年进行春梢生育期调查、茶类适制性鉴定、生化成分检测、苗木扩繁种植等。 |
| 申请目前销售情况 | √本申请品种未销售。<br>□本申请品种于________年________月________日在________（地点）开始销售。 |

# 中华人民共和国农业部植物新品种保护办公室

| 350000<br>福建省福州市晋安区东二环泰禾广场 SOHO 9 号楼 5A416－419 室<br>福州元创专利商标代理有限公司<br>林燕 | 发文日期<br><br>2015 年 2 月 27 日 |
| --- | --- |

## 品种权申请受理通知书

根据《中华人民共和国植物新品种保护条例》第二十一条和第二十四条规定，本品种权申请符合受理条件，予以受理，确定申请号、申请日如下。

品种暂定名称：皇冠茶

申　　请　　号：20150216.9

申　　请　　日：2015 年 2 月 7 日

申　　请　　人：福建省农业科学院茶叶研究所

受　　理　　日：2015 年 2 月 27 日

☒申请人自受理之日起 1 个月内缴纳申请费。

品种权申请费标准：每件品种权申请 1 000 元。

☒经核实农业部植物新品种保护办公室收到如下文件：

| | | | | | |
| --- | --- | --- | --- | --- | --- |
| 请求书 | 2 份，每份 2 页 | 代理委托书 | 2 份，每份 1 页 |
| 说明书 | 2 份，每份 8 页 | 照片及其简要说明 | 2 份，每份 3 页 |
| | | 申请公告表 | 2 份，每份 1 页 |

审查员：付深造

地址：北京市朝阳区东三环南路 96 号农丰大厦　农业部植物新品种保护办公室

邮政编码：100122

# 中华人民共和国农业部植物新品种保护办公室

| 350000<br>福建省福州市晋安区东二环泰禾广场 SOHO<br>9 号楼 5A416－419 室<br>福州元创专利商标代理有限公司<br>林燕 | 发文日期<br>2015 年 7 月 2 日 |
| --- | --- |

| 申请号：20150216.9 | 品种暂定名称：皇冠茶 |
| --- | --- |
| 申请人：福建省农业科学院茶叶研究所 | |

## 品种权申请初步审查合格通知书

1. 上述品种权申请经初步审查，符合《中华人民共和国植物新品种保护条例》和《中华人民共和国植物新品种保护条例实施细则（农业部分）》的规定。

2. 该品种权申请在2015 年第5 期《农业植物新品种保护公报》上予以公告，公告日为2015 年9 月 1 日。

3. 根据《中华人民共和国植物新品种保护条例》第二十八条和《中华人民共和国植物新品种保护条例实施细则（农业部分）》第五十三条规定，申请人应当自收到本通知之日起 3 个月内缴纳审查费。缴纳审查费后，该品种权申请才能进入实质审查程序；期满未缴纳或者未缴足的，视为撤回申请。

品种权审查费标准：每件品种权申请审查费 2500 元

收费户名：农业部财务司

开户银行：中国农业银行北京朝阳路北支行

帐号：11－040101040011783

从邮局寄款者，收款人姓名填写为：农业部植物新品种保护办公室

根据《中华人民共和国植物新品种保护条例实施细则（农业部分）》第五十一条，通过邮局或者银行汇付的，应当注明品种暂定名称，同时将汇款凭证的复印件传真或者邮寄至农业部植物新品种保护办公室，并说明该费用的申请号、申请人的姓名或名称、费用名称。传真号：010－59199396

特此通知

| 审查员<br>马欧<br>海印 | 审查部门：<br>农业部植物新品种保护办公室<br>审查专用章 |
| --- | --- |

地址：北京市朝阳区东三环南路 96 号农丰大厦　农业部植物新品种保护办公室　邮政编码：100122

# 附录2　茶树良种苗木繁育基地建设标准

## 目　录

## 1　适用范围

本标准是政府投资建设茶树良种苗木繁育基地项目决策的重要依据，可作为编制、评估、审批茶树良种苗木繁育基地项目规划、建议书、可行性研究报告的建设标准，也可作为有关部门评审、批复此类项目初步设计文件和开展项目监督、检查工作的参考标准。其他社会投资建设的茶树良种苗木繁育基地、茶叶品种示范场等茶叶品种培育、生产项目可参照执行。

## 2　规范性引用文件

下列文件中的条款通过引用成为本文件的条款。凡是注明年份的引用文件，仅所注年份版本适用于本文件；凡未注明年份的引用文件，其最新版本适用于本文件。

（1）《茶树种苗》（GB 11767）。

（2）《无公害食品茶叶加工技术规程》（NY/T5019）。

（3）《无公害食品茶叶产地环境条件》（NY 5020）。

（4）《无公害食品茶叶》（NY/T5244）。

（5）《土壤环境质量标准》（GB15618）。

（6）《环境空气质量标准》（GB3095）。

（7）《农用灌溉水质量标准》（GB5084）。

（8）《保护农作物的大气污染物最高允许浓度》（GB9137）。

（9）《农药合理使用准则》（GBT8321.1—7）。

(10)《灌溉与排水工程设计规范》(GB50288)。

(11)《节水灌溉工程技术规范》(GB/T50363)。

(12)《公路工程技术标准》(JTG01)。

(13)《温室通风降温设计规范》(GB/T18621)。

(14)《建筑工程抗震设防分类标准》(GB50223)。

(15)《建筑结构可靠度设计统一标准》(GB50068)。

(16)《公共建筑节能设计标准》(GB50189)。

(17)《建筑设计防火规范》(GB50016)。

(18)《连栋温室建设标准》(NYJ/T60)。

(19)《供配电系统设计规范》(GB50052)。

(20)《农村防火规范》(GB 50039)。

## 3 术语和定义

3.1 茶树良种苗木繁育基地 Tea tree seedling breeding base / Farm of Well-bred Species Tea

可年繁育茶树良种苗木10万～15万株/亩，主要承担区域茶树良种苗木的繁育和供应任务的地区，一般由种源培育区、种苗培育区、综合管理区以及农机具与仪器设备组成。

3.2 茶树种质资源保存圃 Tea tree germplasm resources conservation nursery

用于野生茶树、栽培品种、引进品种、单株和近缘植物等茶树种质资源活体保存和鉴定评价的园地。

3.3 原种母本园 Breeder's Seed Garden

培育生产用种的种源（扦插繁育用的穗条）以满足茶树良种苗木繁育基地自身繁育和周边育苗场（户）的种源需求，并对外进行品种展示的园地。

3.4 良种繁育苗圃 Tea tree clonal seedlings breeding nursery

采用传统的短穗扦插育苗技术进行茶树良种种苗繁育的园地。

3.5 茶树引种试验 Introduction Experiment of Tea-plant Varieties

在茶树新品种推广过程中，以当地同龄主栽品种或标准对照种为对照，在相同栽培条件下对新品种在引种地区的生物学特性、经济性状和抗逆能力等进行多年重复比较鉴定研究，以确定该品种在引种地区的潜在经济价值和适应性。

3.6 茶树品种比较试验 Comparison Experiment on New Tea-plant Varieties

简称茶树品比试验。在育种过程中，以同龄的标准品种为对照，在相同栽培条件下对育成的茶树新品系的生物学特性、经济性状和抗逆能力等进行多年重复比较鉴定研究，以确定新育成品系的生产应用价值。

## 4 总则

4.1 为了规范政府投资茶树良种苗木繁育基地项目建设，统一项目建设内容，合理确定建设规模，正确把握建设水平，科学估算建设投资，推动技术进步，提高政府投资效益和工程建设质量，制定本建设标准。

4.2 茶树良种苗木繁育是茶产业发展的基础，是提升茶叶产量和品质的关键。随着现代农业发展，茶产业市场需求不断扩大，迫切需要推广茶树优良品种，应加快建设茶树良种苗木繁育基地。

4.3 茶树良种苗木繁育基地项目建设，应紧紧围绕农业生产和农村经济发展的总体要求，以服务茶农为宗旨，以市场需求为导向，立足本地特色茶树资源，注重引进适宜品种，优化品种结构，努力增加单产，改善茶叶品质，促进茶树良种苗木生产专业化、规模化、标准化和集约化。充分发挥建设项目的辐射带动作用，提高经济效益、生态效益和社会效益，增加农民收入，全面推动茶业产业与当地经济可持续发展。

4.4 茶树良种苗木繁育基地建设应贯彻国家关于茶产业发展的各项方针，并遵循以下总体原则：

4.4.1 因地制宜，优化品种。

4.4.2 先进合理，安全适用。

4.4.3 工艺可靠，方案科学。

4.4.4 标准生产，规模适度。

4.4.5 科技先导，推广示范。

4.4.6 公益为主，良性循环。

4.4.7 茶农增收，经济发展。

4.5 茶树良种苗木繁育基地建设应做到节约用地、用水、用电、用药、用肥，以及保护环境和防止污染。各项建设内容和规模标准的确定应围绕基地茶树良种苗木繁育的主要功能，满足生产、管理需要，符合国家、行业相关建设标准。

4.6 茶树良种苗木繁育基地可以一次投入一次建成，也可以在原有基地基础上改造完善或分期建设。改造完善或分期建设时，后续项目应遵循填平补齐的原则确定建设内容，应保证与前期建设内容有机结合，形成综合生产能力，有利于使整体项目形成更合理和更完善的茶树良种苗木繁育功能。

4.7 茶树良种苗木繁育基地建设除执行本文件外，尚应符合国家现行的有关标准、规范、规程、定额或指标，应严格执行建筑、结构、供水、供电、采暖、通风、消防、安防等专业各类强制性标准。

4.7.1　基地生产加工茶叶的感官指标、理化指标、安全指标、试验方法、检验规则、产品标识等应符合《无公害食品茶叶》（NY/T5244）规定。

4.7.2　基地栽培的大叶、中小叶无性系茶树品种穗条和苗木的质量分级指标、检验方法、检测规则、包装和运输等方面要求应符合《茶树种苗》（GB 11767）规定。

4.7.3　茶树良种苗木繁育基地生产过程使用农药应符合《农药合理使用准则》（GBT8321.1–7）规定。

## 5　基地类型

### 5.1　基地要求

基地建设规模应依据当地经济、社会发展状况，茶叶生产和市场发展需要，以及建设单位技术水平、管理能力综合确定，应符合国家和地方茶树产业发展规划，相对集中连片、适度规模发展。

### 5.2　基地规模与品种

5.2.1　基地面积不宜少于500 亩，年产良种茶苗不宜少于1 500 万株，适宜推广、使用的品种宜保持在 10 个以上。（基地面积确定原则写入编制说明中）

5.2.2　基地主要栽培品种应选择经省级或省级以上品种审定机构审定（鉴定或认定）、优质丰产、市场前景好的良种。

5.2.3　引进的原种种苗质量应符合《茶树种苗》（GB 11767）的要求，禁止调入未经检疫或检疫不合格的种苗。

## 6　基地选址与用地

### 6.1　基地选址

6.1.1　基地应建设在交通方便、地势平坦、水源充足、易于排灌的平地和缓坡丘陵地。远离公路干线 200 m 以上，与其他作物地块间建有隔离带。

6.1.2　茶园应为平地或缓坡，坡度在25°以下，其中坡度 15°～25°的茶园需建立等高梯级园地。

6.1.3　年平均温度 13°C 以上，年活动积温在 5 000°C 以上。

6.1.4　年降水量 1 000 mm 以上，生长期间月降水量约 100 ～200 mm。

### 6.2　基地环境

6.2.1　土壤土层有效深度 1 m 以上，土壤疏松、土层深厚、地力肥沃，通透性良好，具备较好排灌条件。同一地块，不宜连年用作苗圃。

6.2.2　砾岩、页岩、花岗岩、片麻岩和千枚岩风化物所形成的砂壤土或壤土适宜种茶，土壤pH值在4.5～6.5之间。

6.2.3　土壤、空气、灌溉水质量应符合《无公害食品茶叶产地环境条件》（NY 5020）、《土壤环境质量标准》（GB15618）、《环境空气质量标准》（GB3095）、《农用灌溉水质量标准》（GB5084）、《保护农作物的大气污染物最高允许浓度》（GB9137）。

## 7　工艺与技术

### 7.1　工艺流程

7.1.1　本标准采用短穗扦插育苗技术作为茶树苗木良种繁育的主要工艺。各地区可根据自然条件差异，在露天或设施环境中进行茶树良种苗木生产。

7.1.2　具有技术创新研究能力的科研、教学机构建立的良种苗木繁育基地可采用国内、外国前沿的工艺技术。

### 7.2　关键技术及要求

7.2.1　种质资源保存与研究

7.2.1.1　种质资源是茶树品种选育的物质基础，开展地方资源的保护与发掘是推动茶树良种化的基础性工作。

7.2.1.2　鼓励茶树良种苗木繁育基地建立一定规模的种质资源保存设施，对本地资源进行保护与研究。

7.2.1.3　资源保存圃要求水源条件好，土壤深厚肥沃，具备抵御自然灾害的能力。

7.2.2　引种试验

7.2.2.1　引种试验是确定适合当地繁育推广品种的关键环节，良种苗木繁育基地应持续开展引种试验，不断筛选适宜本地区推广的茶树良种。

7.2.2.2　引种试验用地应土地平整，条件基本一致，具有较好的灌溉条件，适合机械化耕作和机修、机采。

7.2.3　原种母本培育

7.2.3.1　原种母本的品种纯度要求达到100%

茶树良种繁育基地应持续开展原种母本园建设和品种的更新。

7.2.3.2　原种母本培育需要优良的土壤地力条件

土壤深厚，有效土层应达到100 cm以上；土壤肥力水平高，有效营养供应达到丰产茶园要求，其中有机质含量达1.5%～2.0%，全氮（N）含量为0.10%～0.13%，有效氮（碱解N）含量为100～150 mg/kg，速效磷（稀盐酸浸提P2O5）含量为10～20 mg/kg，

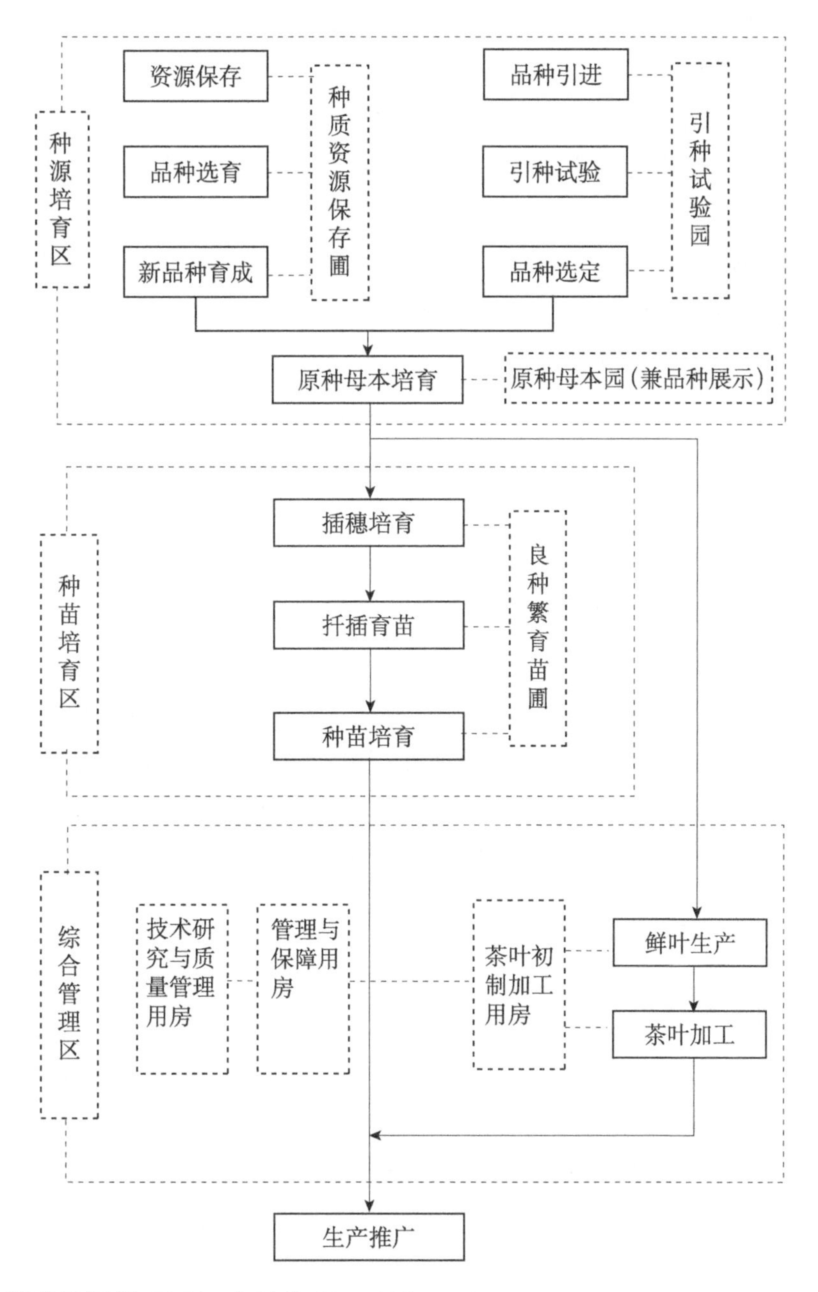


速效钾（醋酸铵浸提 K2O）含量为 80～150 mg/kg。

7.2.3.3　原种母本园选址和建设标准应高于一般生产茶园，应具有良好的水源、完备的排灌设施和便利的道路交通条件。

茶园操作道、行间距和土地平整度应适合机耕、机修、机采等机械化作业，并满足插穗运输要求。

7.2.3.4　原种母本培育需要良好的日常管护条件，应配备修剪、培肥、病虫害防治等设施设备，保证插穗质量。成园前对缺株、断行进行补苗时，应补种苗龄一致的苗木。

7.2.4　良种种苗繁育

7.2.4.1　良种种苗繁育是茶树良种苗木生产的主要阶段，包括插穗培育、扦插育苗和种苗生产三个环节。良种繁育苗圃的设施设备应满足良种苗木繁育基地生产能力的要求。

7.2.4.2　良种种苗繁育应具备良好的土地条件。应土地平整，具备机耕作业条件；土质疏松肥沃，酸碱度 pH 值 4.5～5.5；周边有充足的心土资源，能满足苗床铺心土需求。

7.2.4.3　良种种苗繁育应具备良好的灌排设施和道路交通条件。应水源充足，灌排系统完备；并建立完善内部道路系统，与周边的交通干线相接，便于种苗运输车辆通行。

7.2.4.4　按地域和气候条件选择适当的育苗方式，并配备适宜的设施设备。南方气候条件较好的茶区采用露天育苗，苗圃需宜建立 1.8～2.0 m 高的高平棚式遮阳设施和简易越冬设施；北方茶区和高海拔茶区宜采用设施育苗，建立育苗钢架结构的温室或温棚，提高扦插苗越冬成活率。

7.2.4.5　苗床的设置应满足良种种苗繁育要求。苗床宜采用东西走向，长度一般在 30～40 m，宽度 1.2m，畦沟宽度宜为 0.3 m，深度宜为 0.15～0.2 m，畦沟横断面应呈上宽下窄梯形，沟底平整。畦沟沿长度方向宜两头低中间高，坡度为 3%，便于雨季排水。苗床上应铺心土，心土压实后厚度为 3～5 cm。

## 8　项目构成及规模

### 8.1　项目构成

茶树良种苗木繁育基地建设项目由种源培育区、种苗培育区、综合管理区，以及农机具与仪器设备组成。根据地形地貌和植被情况，将园区通过道路、水系按种源培育、种苗培育、综合管理配套等功能进行区域划分。各功能区相对独立，便于发挥项目的生产、展示、培训、研究的功能，通过道路互联互通，利于日常生产管理。

### 8.2　种源培育区

种源培育区包括种质资源保存圃、引种试验园、原种母本园，总面积不宜小于 300 亩。

8.2.1　种质资源保存圃重点对项目所在地的种质资源进行保护和开发性研究，同时引进、保存部分国内外茶树种质资源；种质资源保存圃面积不宜少于 30 亩，最大可保存 1 000 份茶树种质资源。

8.2.2　引种试验园主要功能是承担国内、外茶树品种的引种试验，研究确定引进品种在当地的适应性；引种试验园总面积不宜少于20亩，可承担100个品种的引种试验。

8.2.3　原种母本园主要功能是培育生产用种种源（扦插繁育用的穗条），以满足良种繁育场自身繁育和周边育苗场（户）的种源需求，兼有品种示范功能，可对外进行品种展示。原种母本园总面积不宜少于250亩，主栽品种不少于10个。

8.3　种苗培育区

主要由良种繁育苗圃组成，也可以根据项目单位业务职能需要和建设条件设置工厂化育苗车间。

8.3.1　良种繁育苗圃采用传统的短穗扦插育苗技术进行茶树良种种苗的繁育；良种繁育苗圃实际育苗面积不宜低于100亩（未考虑轮作因素），年产良种茶苗不宜少于1 500万株。良种繁育苗圃实际育苗面积按下式计算：

$$S = Q/q$$

$S$——良种繁育苗圃实际育苗面积

$Q$——年产良种茶苗数量

$q$——每亩年繁育茶树良种苗木数量，10万～15万株

8.3.2　工厂化育苗车间用于专业性研究机构开展茶树种苗繁育新技术的研究和熟化，一般由组培室、智能温室、炼苗场等组成；工厂化育苗车间的规模应根据功能和工艺技术确定。

8.4　综合管理区

由技术研究与质量管理部门、茶叶初制加工部门、管理与保障部门组成。总占地规模20亩，总建筑面积2 600 $m^2$。其中技术研究与质量管理用房700 $m^2$，初制加工用房1 000 $m^2$，管理与保障用房900 $m^2$。

8.4.1　管理与保障部门负责整个项目的经营和日常管理工作和园区运行所需各项物资、生活服务保障。

8.4.2　技术研究与质量管理部门主要负责项目的技术管理、技术研究、培训推广和产品（种苗、茶叶）质量控制等工作；

8.4.3　茶叶初制加工部门负责种源培育区生产的鲜叶的初制加工。

8.5　农机具与仪器设备

主要包括检验检测设备、生产机具、植保设备、茶叶加工设备、其他设备等。

## 9　建设内容

9.1　种源培育区建设内容

9.1.1　园地深翻平整、开挖种植沟、施基肥

根据园地的地形地貌分类进行土地深翻平整，深度应达到80 cm。按照确定的种植规格开挖种植沟，并施用基肥。

9.1.1.1　对于坡度小于15°的缓坡地和平地，直接对土壤进行深翻平整；对于坡度大于15度的地块，应结合深翻土地建设梯级茶园。

9.1.1.2　种植沟深度应达到30～40 cm，宽度应达到40 cm。（对种植沟工程量提出要求）

江南茶区、江北茶区、西南和华南大部中、小叶种茶区宜采用双行双株种植，大行距1.6 m，小行距0.3 m，株距0.3 m；西南和华南大叶种红茶区宜采用单行单株种植，行距1.6 m，株距0.3 m。

9.1.1.3　施基肥应以农家肥或饼肥为主，农家肥的用量为45 000 kg/ha，饼肥的用量为4 500～7 500 kg/ha。

9.1.1.4　园地深翻平整、开挖种植沟、施基肥其他相关技术要求按《无公害食品茶叶生产技术规程》（NY/T 5018—2001）执行。

9.1.2　种质资源保存圃建设

9.1.2.1　采用单株无性繁殖方式进行资源扩繁，每份资源的保存量不少于20 m（茶行长度）。

9.1.2.2　观察鉴定区，主要供产量、品质、抗性、植物学、生物学等性状鉴定研究，每份材料种10—15株，单株种植，行株距1.5米×0.33米；自然生长区，单株种植，行株距2米×2米。

9.1.3　引种试验园建设

9.1.3.1　引种试验园建设应参照茶树品种区域性试验有关要求进行规划设计，满足“三次重复，随机排列”原则开展引种试验。

9.1.3.2　引种试验园四周空旷，地势较平坦，土壤结构良好，土层深厚，肥力中等，同一试验区肥力一致，pH4.0～6.0。试验地附近有水源，排水良好。

9.1.3.3　园区长度7～9 m，应设保护行。种植沟宽60 cm、深50 cm。双行单株条栽，大行距150 cm，小行距33 cm，株距33 cm。

9.1.4　原种母本园建设

9.1.4.1　从育种单位引进国家或省级品种的原种种苗，品种纯度为100%。品种个数不少于15个，每个品种的面积不少于10亩。

9.1.4.2　不同品种或与一般生产茶园同时建园时必须有道路隔离。母本园的行株距可比一般采叶茶园适当放大。

9.1.4.3　原种母本园应土层深厚、土质肥沃、地势平缓、阳光充足、排灌条件好。

9.1.5　种质资源保存圃、引种试验园、原种母本园建设内容主要是开展灌溉、排水、道路、供电等工程建设，具体要求详见本章“其他建设内容”部分。

9.2　种苗培育区建设内容

9.2.1　土地平整

对种苗培育区进行全园土地平整，为露天育苗及设施育苗建设创造条件。每一块苗圃要相对水平，并保证雨季不积水。

9.2.2　温室大棚建设

在北方茶区和高海拔茶区，冬季常出现长时低温冰冻天气，对扦插苗越冬常造成致命的影响，建设温室大棚是提高育苗成活率和育苗效益的关键技术措施。

9.2.2.1　温室大棚宜采用连栋式，每栋跨度可采用 6 m 或 8 m，肩高宜≥1.8 m，顶高 3～4.5 m，长度宜在 50 m 以内。

9.2.2.2　覆盖材料宜采用双层薄膜或 PVC 中空板。PVC 的透光度≥80%。

9.2.2.3　应设置内、外双遮阳系统。外遮阳宜采用遮光度为 70% 黑色塑料遮阳网，内遮阳宜采用薄膜－镀铝内遮阳保温幕。遮阳系统宜采用电动控制。

9.2.2.4　应设置湿帘－风机降温、侧通风和顶通风系统。设计标准按《温室通风降温设计规范》（GB/T18621）执行。

9.2.2.5　应设置自动喷雾灌溉－施肥系统。

9.2.3　育苗网室建设

9.2.3.1　网室骨架宜采用热浸镀锌钢架结构或砼柱－钢架混合结构。网室顶宜为平顶，高 1.8～2 m。网室宽度宜为 1.5 m 的整数倍，长度不宜超过 50 m。

9.2.3.2　网室遮阳系统可采用电动或手动开闭系统，遮阳材料宜采用遮光度为 70% 黑色塑料遮阳网。

9.2.3.3　网室保温宜采用室内活动式塑料拱棚保温。骨架材料可为镀锌钢管或竹材。

9.2.3.4　网室宜采用自动喷雾灌溉－施肥系统。

9.2.3.5　网室内种植区域苗床建设应符合 7.2.4.5 工艺要求。

9.2.4　种苗培育区其他建设内容，详见本章“其他建设内容”部分。

9.3　综合管理区建设内容

9.3.1　技术研究与质量管理用房

由种质资源研究试验室、引种试验室、种苗繁育与质量控制试验室、茶叶质量检验试验室、培训中心和办公室组成。

9.3.1.1　房屋结构宜采用砖混结构或钢筋砼框架结构，按照普通实验室进行装修。

9.3.1.2　建筑面积 700 $m^2$。

9.3.1.3 种质资源研究、引种、种苗繁育与质量控制、茶叶质量检验等实验室应配备实验台、实验用品柜、实验仪器设备。

9.3.1.4 培训和办公用房可根据需要设置培训室桌椅和办公家具。

9.3.2 茶叶初制加工用房

由鲜叶摊青车间、产品加工车间、产品仓储室组成。

9.3.2.1 茶叶初制加工用房结构可采用砖混结构、轻型钢结构、钢结构。建筑工程应符合按国家、行业相关标准。

9.3.2.2 茶叶初制加工应按照《无公害食品茶叶加工技术规程》（NY/T 5019）执行，并应符合茶叶企业质量认证有关要求。

9.3.2.3 茶叶初制加工用房规模不宜小于1 000 $m^2$。

9.3.2.4 鲜叶摊青车间、产品加工车间按产品要求采用相关成套设备。产品仓储应采用冷库储藏。

9.3.3 管理与保障用房

包括行政管理、后勤管理、仓储、生活保障等用房。

9.3.3.1 房屋结构宜采用砖混结构或钢筋砼框架结构，按照普通办公用房、仓储用房、后勤用房进行装修。

9.3.3.2 建筑面积按照行政、后勤管理人员定编数量计算，建筑面积标准为20 $m^2$/人，总建筑面积不应超过600 $m^2$。按照普通办公用房设置办公设施。

9.3.3.3 仓储用房规模根据原材料、工器具数量，考虑存储满足一个生产季节所需要的基本规模，总建筑面积不宜小于300 $m^2$。

9.3.4 综合管理区建筑物应执行的相关标准和规范

9.3.4.1 建筑结构的设计使用年限为50年，建筑结构的安全等级为二级。应符合《建筑结构可靠度设计统一标准》（GB50068）的规定。

9.3.4.2 建筑抗震设防类别为标准设防类，简称丙类。应符合《建筑工程抗震设防分类标准》（GB50223）的规定。

9.3.4.3 鲜叶摊青车间和产品加工车间生产的火灾危险性类别为丙类，车间的耐火等级应不低于三级。产品仓储室储存物品的火灾危险性类别为丙类，仓储室的耐火等级宜为二级。技术研究与质量管理用房和管理与保障用房的耐火等级宜为二级。应符合《建筑设计防火规范》（GB50016）的规定。

9.3.4.4 应按《公共建筑节能设计标准》（GB50189）或地方节能标准的规定，进行建筑节能设计。

9.4 农机具与仪器设备

9.4.1 检验、检测设备

检验检测设备主要包括土壤养分速测仪、土壤水分速测仪、光学显微镜、电子天平、恒温干燥箱、农残速测仪、超净工作台以及茶叶水份监测仪、农残速测仪、碎末茶测定计等。

9.4.2　生产机具

生产机具主要包括空气增湿器、插穗储藏设施等茶树穗条前处理工具，以及修剪机、移动式喷灌设备、中耕机、采茶机、旋耕机、施肥机等，各类机具数量不宜少于2套。(根据需要确定配置数量。)

9.4.3　植保设备

植保设备主要包括智能型虫情测报灯、频振式杀虫灯、机动弥雾器机、自动诱蛾器、病虫害远程监控系统、戴维期小型气象站等。

9.4.4　茶叶加工设备

茶叶加工设备包括茶叶初加工生产线、抽气充氮包装封口机、干评台、湿评台、样品柜、评茶盘、杯、匙等。

9.4.5　其他设备

包括电脑、打印机、数码相机等必要办公设备和生产运输车辆，根据工作需要确定配置数量。

9.5　其他建设内容

9.5.1　道路工程

基地道路分为主干道、支道和操作道。

9.5.1.1　主干道：道路宽6 m，应与基地外道交通线相连，通达基地各主要功能区，可行驶长度9 m以上货运车辆。路面采用混凝土或沥青铺设，建设标准按《公路工程技术标准》(JTG01—2003) 执行。

9.5.1.2　支道：道路宽3.5 m，应与主干道相连，通达各区块，可行驶农用车运输车辆。路面采用混凝土或沥青铺设，建设标准按“公路工程技术标准 (JTG01—2003)”执行。

9.5.1.3　操作道：道路宽2 m，应与支干道相连，可供茶园机具行驶。采用泥夹石路面，下铺20 cm厚块石作底层，上铺10 cm厚碎石作面层，路面石料不低于Ⅳ级。

9.5.2　灌溉排水工程

主要包括水源工程、蓄水池、灌排设施等。

9.5.2.1　水源工程。应保障园区有充足水源用于生产灌溉，可采用建设蓄水池或自备水井保证有效供水。新建水井工程应符合项目所在地有关政策、法规。

9.5.2.2　蓄水池。形状与大小根据需要确定，在良种场范围内均匀布置，墙体为$M_{8.5}$

砂浆红砖，底板为$C_{18}$砼护底，池内设砖砌梯步。蓄水池要与水源通过管、渠进行有效联通。

9.5.2.3　灌排设施。由主水渠、支渠，以及固定式或移动式喷灌系统组成。主水渠、支渠宜采用U型防渗渠建设。灌排设施应形成整体，各系统、区域有效衔接，确保旱能灌、涝能排。

9.5.2.4　灌溉排水工程规划设计宜符合《灌溉与排水工程设计规范》(GB50288)、《节水灌溉工程技术规范》(GB/T50363) 规定。

9.5.3　积肥池、垃圾收集池

根据需要设置，底部应采用15 cm厚防渗混凝土，四周池墙宜采用防渗混凝土结构。当采用砖墙时，应用防水砂浆砌筑，并采用防水砂浆做法抹灰。各类池体上应设置盖板，确保车辆、人员安全。

9.5.4　防护林网工程

根据园区自然条件在适宜区域设置防护林，防护林网规划必须与道路、水利系统相结合，且不妨碍实施茶园机械化管理。

9.5.5　变配电与消防工程

9.5.5.1　茶树良种苗木繁育基地供电电源宜由当地供电网络引入10 kV电源，建设变配电室或箱式变电站，并根据当地供电情况设置自备电源。自备电源供电容量不低于全场用电负荷的二分之一。

9.5.5.2　基地场区宜设路灯照明系统、电话与网络系统。

9.5.5.3　基地电气设计应符合《供配电系统设计规范》(GB50052) 的规定。

9.5.5.4　消防设施按《农村防火规范》(GB 50039) 的规定执行。

9.5.6　附属工程设施

包括围墙（含金属围网)、大门、监控、锅炉房设施等，根据需要确定具体建设内容。

## 10　主要技术及经济指标

10.1　投资估算

10.1.1　茶树良种苗木繁育基地建设项目投资估算应依据建设地点现行造价定额及造价信息文件，并与当地的建设水平相一致。

10.1.2　茶树良种苗木繁育基地建设项目应在满足茶树苗木生产要求的前提下，尽量控制建设投资，合理使用资金，以取得较高的经济效益。

10.1.3　茶树良种苗木繁育基地种源培育区、种苗培育区、综合管理区、农机具与仪器设备及其他建设内容和规模应与苗木繁育基地建设规模相匹配，相应的建设投资参照相关标准确定，并纳入茶树良种苗木繁育基地工程项目的总投资。

10.1.4　项目建设内容设置应遵循填平补齐的原则。

10.1.5　茶树良种苗木繁育基地建设投资包括建安工费、田间工程费、仪器设备及工器具购置费、工程建设其他费和预备费五部分。

10.1.6　建安及田间工程

**建安及田间工程**

| 功能区 | 建设内容 | 数量 | 单位 | 参考单价（元） | 备注 |
| --- | --- | --- | --- | --- | --- |
| 综合管理区 | 实验、检验室及配套用房 | 700 | $m^2$ | 1 000 | 规模根据实际情况增减，钢筋砼框架结构 |
| | 加工及仓储用房 | 1 000 | $m^2$ | 1 200 | 规模根据实际情况增减，轻型钢结构、钢结构 |
| | 后勤行政管理用房 | 900 | $m^2$ | 1 000 | 规模根据实际情况增减，砖混结构 |
| 种源培育区 | 土地平整 | 实际需求 | 亩 | 400 | |
| | 种植沟 | 实际需求 | m | 50 | |
| 种苗培育区 | 土地平整 | 实际需求 | 亩 | 400 | |
| | 温室 | 实际需求 | $m^2$ | 800 | 轻钢结构、PC板维护 |
| | 大棚 | 实际需求 | $m^2$ | 80 | 镀锌钢管、塑料薄膜 |
| 综合管理区 | 实验、检验室及配套用房 | 700 | $m^2$ | 1 000 | 规模根据实际情况增减，钢筋砼框架结构 |
| | 加工及仓储用房 | 1 000 | $m^2$ | 1 200 | 规模根据实际情况增减，轻型钢结构、钢结构 |
| | 后勤行政管理用房 | 900 | $m^2$ | 1 000 | 规模根据实际情况增减，砖混结构 |
| | 育苗网室 | 实际需求 | $m^2$ | 100 | 热浸镀锌钢架结构或砼柱-钢架混合结构，遮阳网、雾喷系统 |
| 其他建设内容 | 主干道道路 | 实际需求 | m | 180 | 宽6 m，砼或沥青路面 |
| | 支道道路 | 实际需求 | m | 110 | 宽3.5 m，砼或沥青路面 |
| | 操作道道路 | 实际需求 | m | 40 | 宽2 m，泥夹石路面，下铺20 cm厚块石作底层，上铺10 cm厚碎石作面层 |
| | 水源工程 | 1 | 项 | 100 000 | 机井、水塘或泵房 |
| | 主渠 | 实际需求 | m | 100 | U型防渗渠 |

（续表）

| 功能区 | 建设内容 | 数量 | 单位 | 参考单价（元） | 备注 |
|---|---|---|---|---|---|
| 其他建设内容 | 支渠 | 实际需求 | m | 70 | U 型防渗渠 |
| | 喷滴灌 | 实际需求 | 亩 | 3 000 | 含首部、管道、喷滴嘴 |
| | 积肥池 | 实际需求 | $m^3$ | 600 | 底部 15 cm 厚防渗砼，四周池墙防渗砼结构 |
| | 垃圾收集池 | 4 | $m^3$ | 600 | |
| | 防护林网 | 实际需求 | m | 50 | |
| | 坡改梯 | | 亩 | 4 000 | |
| | 工具房 | 100 | $m^2$ | 600 | 砖混 |
| | 场区工程 | 1 | 项 | 100 000 | |

10.1.7　仪器设备及农机具

**仪器设备及农机具**

| 序号 | 名称 | 主要功能 | 参考价格 |
|---|---|---|---|
| （一） | 检验检测设备 | | |
| 1 | 土壤养分速测仪 | 快速测定土壤的养分 | 10 000 元 |
| 2 | 土壤水分速测仪 | 快速测定土壤水分含量 | 9 900 元 |
| 3 | 土壤 PH 值速测仪 | 快速测定土壤的 pH 值 | 650 元 |
| 4 | PCR 仪 | 进行茶树分子生物学研究 | 50 000 元 |
| 5 | 光学显微镜及成像设备 | 进行显微摄像 | 30 000 元 |
| 6 | 恒温水浴振荡器 | 用于茶叶内含物提取、分子生物学试验 | 7 800 元 |
| 7 | 磁力加热搅拌器 | 用于黏稠度不是很大的液体或者固液混合物，可根据要求控制并维持样本温度。 | 700 元 |
| 8 | 制片机 | 用于组织切片制作 | |
| 9 | 凝胶成像仪 | 用于电泳结果的拍照 | 110 000 元 |
| 10 | 水平电泳槽 | 琼脂糖凝胶制备，样品分离 | 4 700 元 |
| 11 | 电子天平 | 用于精确称量 | 3 000 元 |
| 12 | 高压灭菌锅 | 用于组培试验室和生物学研究的培养基和器械用具灭菌用灭菌 | 12 600 元 |
| 13 | 荧光化学发光成像系统 | 用于分子生物学和蛋白质电泳结果的 | 95 000 元 |
| 14 | 纯水/超纯水系统 | 制备纯水和超纯水 | 18 800 元 |
| 15 | 电热恒温鼓风干燥箱 | 玻璃器皿及样品的干燥处理 | 5 680 元 |

（续表）

| 序号 | 名称 | 主要功能 | 参考价格 |
| --- | --- | --- | --- |
| 16 | 低温冰箱 | 用于样品保存 | 31 200元 |
| 17 | 酸度计 | 用于测定样品的pH值，精度为0.1 | |
| 18 | 超净工作台 | 用于微生物和分子生物学试验 | 8 800元 |
| 19 | 光照培养箱 | 光照度和温度可控的培养箱生化仪器，用于分子生物学和组培试验 | |
| 20 | 水浴摇床 | 作生物、生化、细胞、菌种等各种液态、固态化合物的振荡培养、制备生物样品的生化仪器 | 16 800元 |
| 21 | 台式离心机 | 用于固、液分离纯化 | 50 000元 |
| 22 | 火焰光度计 | 用K、Na等元素的定量分析 | 10 500元 |
| 23 | 实验台 | 具有防火、防水、防腐蚀能力 | 2 000元/米 |
| 24 | 药品柜、标本柜 | 贮存试验药品或生物标准 | 800元/米 |
| 25 | 水份监测仪 | 用于茶叶水分的快速检测 | 35 000元 |
| 26 | 农残速测仪 | 用于鲜叶中农残的快速测定 | 16 000元 |
| 27 | 碎末茶测定计 | 用于产品中碎末茶的含量测定 | |
| （二） | 生产机具 | | |
| 28 | 移动喷灌设备 | 用于园区的移动式喷灌 | 20 000元 |
| 29 | 茶树单人修剪机 | 单人茶树修剪 | 5 000元 |
| 30 | 茶树双人修剪机 | 双人茶树修剪 | 8 000元 |
| 31 | 茶园深耕机 | 茶园土壤的翻耕 | |
| 32 | 茶园耕作机 | 茶园土壤的中耕作业 | 120 000元 |
| 33 | 茶园施肥机 | 茶园开沟施肥 | 1 500元 |
| 34 | 小型气象站 | | |
| 35 | 提水泵 | 用灌溉用水的提升增压 | 4 000元 |
| （三） | 植保设备 | | |
| 36 | 智能型虫情测报灯 | 用于茶园病虫的自动测报 | 15 000元 |
| 37 | 自控诱蛾器 | 用于诱杀茶园翅害虫 | 1 000元 |
| 38 | 频振式杀虫灯 | 用于灯光诱杀茶园害虫 | 1 500元 |
| 39 | 机动弥雾机 | 茶园病虫害防治用 | 5 000元 |
| 40 | 病虫害远程监控系统 | | 100 000元 |

（续表）

| 序号 | 名称 | 主要功能 | 参考价格 |
|---|---|---|---|
| （四） | 茶叶加工设备 | | |
| 41 | 茶叶初加工生产线 | 用于园区茶叶鲜叶原料初加工（根据企业的产品确定生产线） | 466 000 元 |
| 42 | 抽气充氮包装封口机 | 用于产品的包装 | 30 000 元 |
| 43 | 样品柜 | 茶叶样品的低温陈列保存 | 500 元/套 |
| 44 | 干评台、湿评台 | 用于茶叶质量的感官审评（按 QS 相关要求） | 5 000 元 |
| 45 | 评茶盘、审评杯碗、汤匙、叶底杯 | 用于茶叶质量的感官审评（按 QS 相关要求） | 3 000 元 |
| （五） | 其他设备 | | |
| 46 | 空调 | 各功能用房的温湿度调节 | 6 200 元 |
| 47 | 数码相机 | 茶树、病虫等图片拍摄 | 3 400 元 |
| 48 | 扫描仪 | 图片扫描 | 3 000 元 |
| 49 | 计算机 | 基地各类资料整理、存储 | 7 000 元 |
| 50 | 笔记本电脑 | 基地各类资料整理、存储 | 6 800 元 |
| 51 | 电冰箱、冰柜 | 标本、试剂、药品存放 | 3 600 元 |
| 52 | 投影仪 | 培训 | 5 000 元 |
| 53 | 单反数码相机 | 茶树、病虫等图片拍摄 | 17 800 元 |
| 54 | 档案柜 | 档案存放 | 650 |
| 55 | 资料架 | 资料文件存放 | 80 |

### 10. 1. 8　种苗单位产品生产成本估算表

**种苗单位产品生产成本估算表**

| 序号 | 科目 | 单位 | 单价（元） | 数量 | 合价（元） | 备注 |
|---|---|---|---|---|---|---|
| 1 | 剪穗扦插费 | 株 | 0. 010 | 1 | 0. 010 | |
| 2 | 综合费用 | 株 | 0. 015 | 1 | 0. 015 | 水电肥药 |
| 3 | 技术管理费 | 株 | 0. 015 | 1 | 0. 015 | |
| 4 | 设施折旧费 | 株 | 0. 100 | 1 | 0. 100 | |
| 5 | 生产投工费 | 株 | 0. 015 | 1 | 0. 015 | 整畦、起苗 |
| 6 | 成活保证费 | 株 | 0. 010 | 1 | 0. 010 | |
| 合计 | 种苗 | 株 | | | 0. 165 | |

注：以上成本不包含母本园、良种示范园、管理用房、仪器设备等投资的种苗单位生产成本。

10.1.9　茶树良种苗木繁育基地建设项目投资估算表

**建设规模及投资等技术参数表**

| 建设规模（亩） | 投资规模（万元） | 苗圃（亩） | 繁育能力（万株） |
|---|---|---|---|
| 300～600 | 270～550 | 60～100 | 600～1 200 |
| 601～900 | 550～830 | 100～250 | 1 000～3 000 |
| 901～1 300 | 830～1 200 | 250～500 | 3 000～6 000 |

注：该建设规模包含了示范园的面积。

10.1.10　工程建设其他费用

10.1.10.1　工程建设其他费包括建设单位管理费、项目前期工作咨询费、工程设计费、招标代理服务费、工程监理费、建设项目环境影响咨询服务费等。

10.1.10.2　工程建设其它费用按照《基本建设财务管理规定》《建设项目前期工作咨询收费暂行规定》《工程勘察设计收费标准》《招标代理服务收费管理暂行办法》《建设工程监理与相关服务收费管理规定》《建设项目环境影响咨询收费标准》的规定计取。

10.1.11　预备费

预备费按建安工程费、仪器设备费与工程建设其他费三项之和的5%～8%计取。

10.2　劳动定员

**项目劳动定员一览表**

<table>
<tr><th>功能区名称</th><th>部门名称</th><th>管理人员（人）</th><th>技术人员（人）</th><th>合计（人）</th></tr>
<tr><td>综合管理区</td><td>办公室</td><td>2</td><td>0</td><td>2</td></tr>
<tr><td>种源培育区</td><td>技术部</td><td>1</td><td>2</td><td>3</td></tr>
<tr><td rowspan="3">种苗培育区</td><td>生产管理部</td><td>1</td><td>4</td><td>5</td></tr>
<tr><td>营销部</td><td>1</td><td>1</td><td>2</td></tr>
<tr><td>固定工人</td><td colspan="3">5～10人/100亩苗圃</td></tr>
</table>

注：本定员表中人员数量不包括劳动高峰期雇佣的临时工人（施肥、植保、采茶等，该类人员数量随建设规模，特别是示范区的规模变化而变化）。

# 附录3　茶树种质与品种选育相关图片

千家寨一号茶王位于云南省镇沅县九甲镇千家寨，迄今为止已发现的世界上最古老的野生茶王树（树龄2 700年），乔木型，树高25.6 m，树幅22 m×20 m，基部干径1.12 m，胸径0.89 m。列为国家重点保护树种，它是研究茶文化、茶树起源、种质及遗传的活标本，也是科研、教学最好殿堂，是自然资源的瑰宝。

锦秀茶祖位于云南省凤庆县小湾镇锦秀村香竹箐自然村，是目前世界上发现的最古老最粗大的栽培型古茶树。根部周长5.82 m，高10.6 m，直径1.84 m。“锦秀茶祖”是见证历史的活化石。它是祖先留给后人不可多得的历史财富，又是茶树起源地中心和悠久茶历史的有力佐证。

千家寨一号茶王

锦秀茶祖

广东凤凰黄枝香单枞（小乔木型）

福建农科院茶叶所新品种选育基地

新品系扦插繁育基地

乔木型

小乔木型

灌木型

**茶树树型**

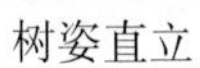
树姿直立

树姿半开张

树姿开张

**茶树树姿**

左起分别为小叶、中叶、大叶、特大叶

**茶树叶片大小**

左起分别为近圆形、卵形、椭圆形、长椭圆形、披针形

**茶树叶形**

深绿色　浅绿色

黄绿色　紫绿色

玉白色　紫红色

茶树芽叶色泽

**芽叶茸毛**

（左起分别为少、中、多）

**茶树叶面**

（左起分别为平、微隆起、隆起）

**茶树叶身**

（左起分别为内折、平、稍背卷）

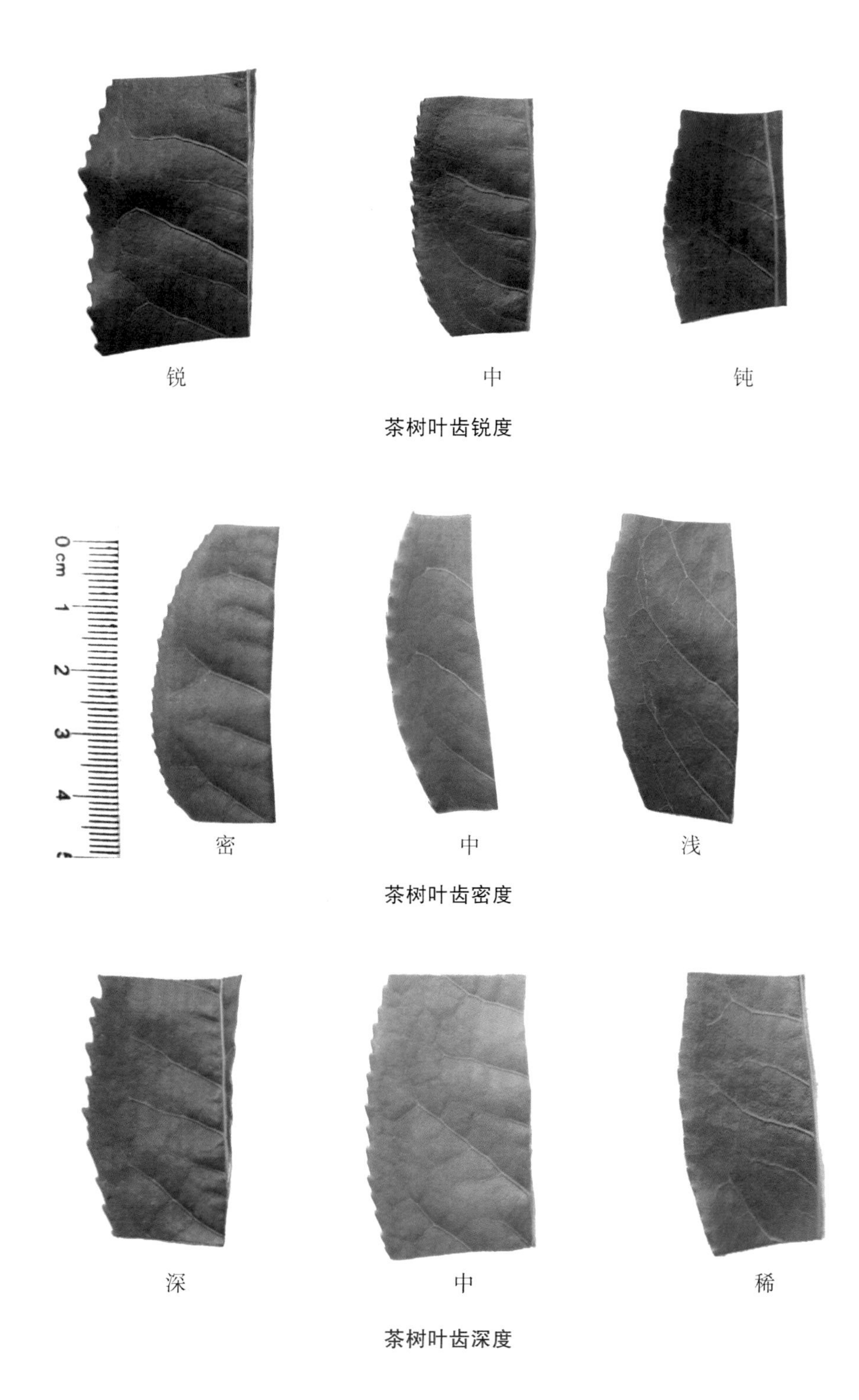


茶树叶齿锐度

茶树叶齿密度

茶树叶齿深度

楔形

近圆形

茶树叶基

急尖

渐尖

钝尖

圆尖

茶树叶尖

平

微波

波

茶树叶缘

花柱3裂

花柱4裂、5裂

**茶树花朵——花柱分裂数**

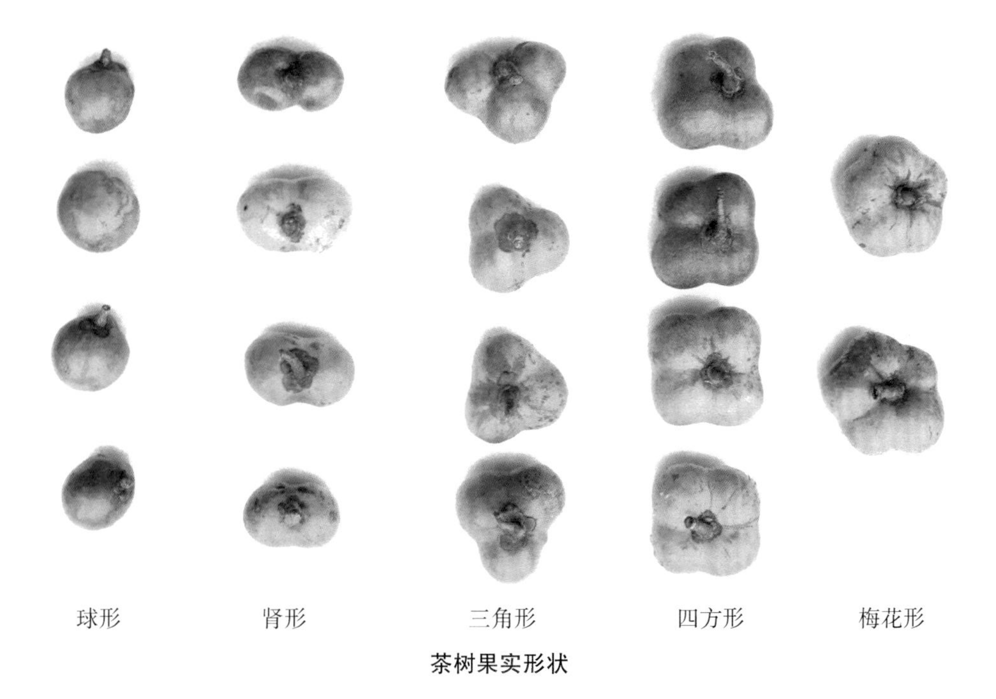

球形　　肾形　　三角形　　四方形　　梅花形

**茶树果实形状**

佛手

（大叶类，叶卵圆形，叶身扭曲或背卷）

筲绮

（叶形多变态）

特小叶种

（叶面积 1.78 cm$^2$）

奇曲

（新梢自然生长弯曲）

**特异茶树种质**

茶树创新种质与母本新梢对比

黄化种质－不同叶位新梢色泽

（左起分别为1～3叶、4～6叶、8～9叶）

茶树变异叶梢

（簇生）

不同茶类茶汤与叶底色泽

黄化与紫化种质制绿茶的汤色与叶底

黄化种加工成闽北乌龙、红茶、绿茶、闽南乌龙茶的茶汤与叶底

茶树人工杂交

茶子播种出苗

新创制茶树单株

优特茶树种质扦插繁育

优特新品株（系）扩繁、示范

新品系比较试验区

区试点开挖种植沟

区试点布区栽种

（寿宁张天福有机生态茶园有限公司）

新品系安溪区试点（福建省高建发茶业有限公司）

茶树抗虫性鉴定棚

田间自动气象站

福建省农业科学院茶叶研究所茶树品种资源圃